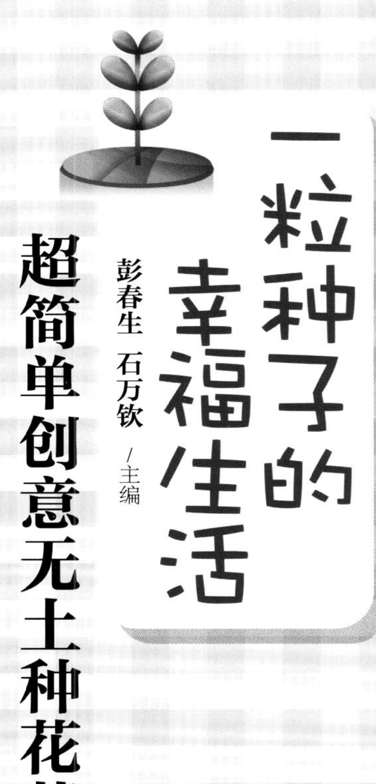

一粒种子的幸福生活

超简单创意无土种花草

彭春生　石万钦 /主编

青岛出版社
QINGDAO PUBLISHING HOUSE
国家一级出版社
全国百佳图书出版单位

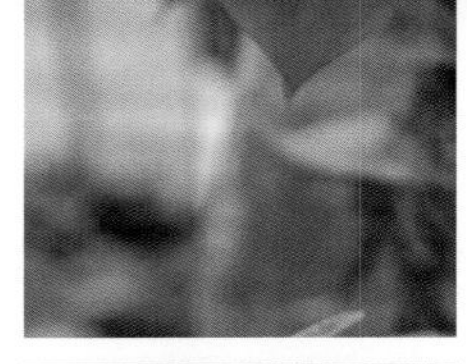

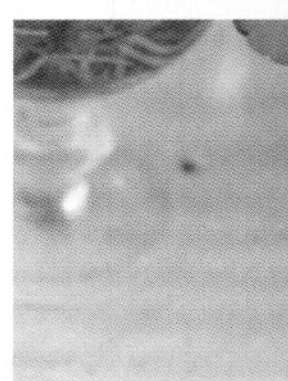

图书在版编目（CIP）数据

一粒种子的幸福生活·超简单创意无土种花草 / 彭春生 石万钦主编 . - 青岛：青岛出版社，2015.6

（一粒种子的幸福生活）

ISBN 978-7-5552-2264-4

Ⅰ . ①一… Ⅱ . ①彭… Ⅲ . ①观赏园艺 Ⅳ . ① S68

中国版本图书馆 CIP 数据核字（2015）第 115037 号

一粒种子的幸福生活

超简单创意无土种花草

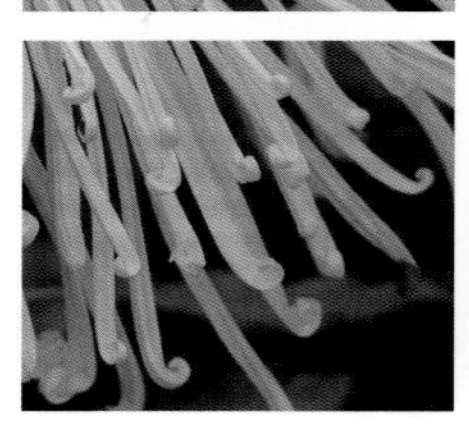

主　　编　彭春生 石万钦
策　　划　中海盛嘉
出版发行　青岛出版社
社　　址　青岛市海尔路182号（266061）
本社网址　http://www.qdpub.com
邮购电话　13335059110　0532-68068820（传真）　0532-68068026
责任编辑　郭东明　程兆军　E-mail: qdgdm@sina.com
封面设计　祝玉华
版式设计　刘晓东
印　　刷　青岛海蓝印刷有限责任公司
出版日期　2015年7月第1版　2015年7月第1次印刷
开　　本　16 开（787mm×1092mm）
印　　张　10
字　　数　300千
书　　号　ISBN 978-7-5552-2264-4
定　　价　29.80元

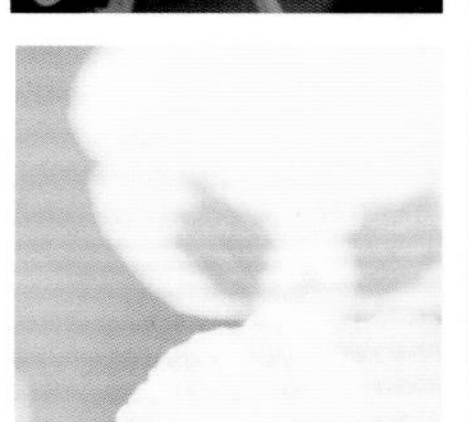
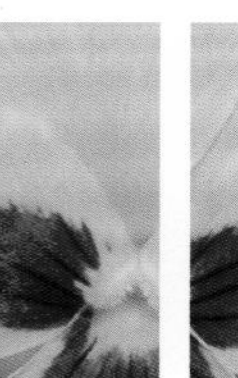

编校质量、盗版监督服务电话　40065322017

青岛版图书售后如发现质量问题，请寄回青岛出版社印务部调换。电话：0532-68068638

无土栽培，简单省事

家庭养花种菜正成为一种生活时尚，无论是在阳台还是居室，植株的点点绿色不但养眼还能养心。正所谓有得必有失，花卉时蔬在给人带来乐趣的同时，也会引发烦恼，而其中最大的莫过于植株患上病虫害、土壤污染等。

与传统的土培方式不同，无土栽培彻底跟土壤说拜拜，采用人工基质或营养液栽培植物，简易高效，能更好地提供植物生长所需的养分、湿度等，大大减少了土壤栽培所引发的病虫害。

无土栽培按照根系固定方式，可以分为水培和固体基质栽培两种。水培法又叫液体基质栽培法，就是把植株固定在容器中，然后添加自来水或营养液养护。固体基质栽培法是把植物的根系放入吸透营养液的基质中，再用固体基质（珍珠岩、蛭石等）固定。

家庭栽培以水培法最为常见，不用经常浇水施肥，还能增加空气湿度，简单易行。另外，水培容器丰富、造型别致，稍微宽大一点的容器还能养鱼，只要稍微用心改装就能获得别样感受。

当然，作为一种现代生物工程技术，水培不是简单的将植物拿来直接插入水中养护那么简单，要想栽培成功，还需对植物的根系进行科学驯化、改良，懂得如何换水、添加营养液等。本书采取图文结合的方式，介绍了家庭常见以及一些名贵品种花卉、时蔬等的水培方法，既让人直观感受到花卉时蔬的艳丽饱满，又能体味到养护的乐趣。

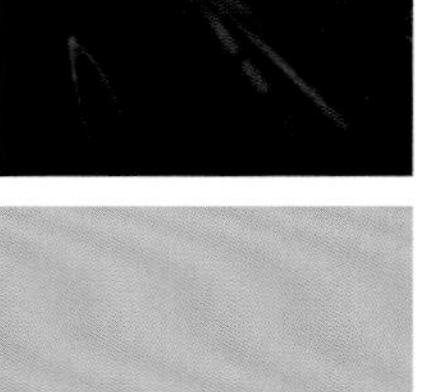

目录 CONTENTS

目录 CONTENTS

Part 01

超简单的无土栽培法

Chaojiandan De Wutu Zaipeifa

无土栽培与水培花卉的概念

Wutuzaipei Yu Shuipeihuahui De Gainian

何为无土栽培

无土栽培是指完全不使用天然的土壤，花卉直接在营养液中或者用无土基质固定植株而浇灌营养液生长。

与土壤栽培相比，无土栽培能够通过人为创造良好的根际环境使得花卉健康生长，它能有效防止土壤连作引发的病害以及土壤盐分积累造成的生理障碍，无土栽培用过的基质还能重复利用，因此具有环保、省水、省肥等特点。

无土栽培的类型

无土栽培主要有水培和固体基质栽培两种。水培是以营养液为栽培基质的一种花卉栽培方式，它不同于水养花卉，水养花卉是将花卉的根系直接固定浸泡在清水中即可，其生长开花主要依靠植株自身贮存的养分，一般无须再人为供给养分，比如水仙花、郁金香等。而水培花卉则必须在液体中加入合理的无机营养，这也是水培与水养的主要区别。

固体基质栽培按照基质材料的不同，可以分为沙培、珍珠岩培、蛭石培、岩棉培、木屑锯末培等。

水培花卉的特点

水培花卉有三大优点：首先是因为这种花卉的观赏性强，叶色鲜艳，花朵硕大，根系健壮，另外栽培用的花器形式种类多样，很多都设计得极富艺术感，再加上上部色彩各异的基质，下面游弋自在的观赏鱼，集观花，看叶，赏根，识鱼等多种观赏效果于一体，动静结合，奇妙无比。

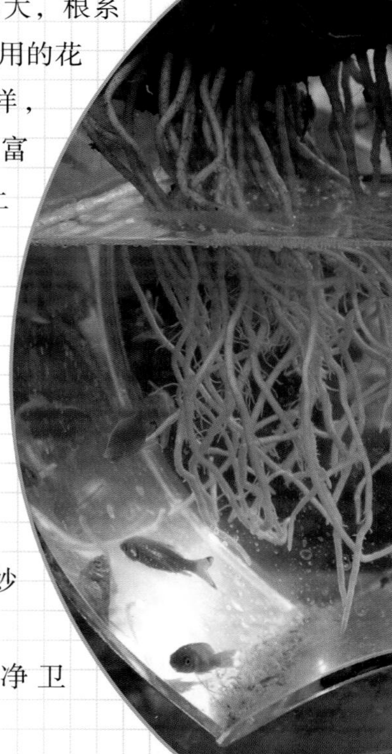

其次是干净卫

生，因为采用无土栽培，花卉发生病虫害的几率较小，减少了真菌、细菌的污染。另外，在北方冬季干燥的环境中，如果家里或者办公室摆放几盆水培花卉，还能起到加湿器的作用，创造出绿意盎然、温润适度的环境。

最后，水培花卉不需要经常浇水施肥，不用除草，这使得花草的养护变得简单，所以水培花卉也被称为“懒人花卉”。正是因为上述优点，水培花卉正受到越来越多人的喜爱。

水培栽培形式

水培花卉的方法按照营养液的来源大致可分为3类：

1.深液流水培。花卉的根系全部或者部分浸入液层较深的营养液中，通过营养液循环流动提高营养液溶解氧含量，以满足根系呼吸需要的一种水培技术。

2.营养液膜水培。将植物种植在浅层流动的营养液层中的水培方法。

3.雾培。营养液雾化后喷射到植株根系周围，雾气在根系表面凝结成水膜被根系吸收。

鱼虫共生

水培花卉还有一个好处是可以在上面观花，下面养鱼。花鱼共养时，要注意把营养液的浓度适当降低，这是为了保持鱼的成活率。另外，还要经常换水，喂食的次数不需要太勤，因为鱼类会以植物腐烂的根和藻类为食。

花鱼共养时，为了保证鱼儿和花卉的自由呼吸，要选择比较大的玻璃器皿，也可以选用鱼缸，使得鱼有足够的游动空间。有条件的话可以选购水培专用的定植篮来托起植物的根部，这样鱼活动的空间会更大一些。

水培花卉时养殖的鱼类适宜选取不超过5厘米的小型鱼类，比如红鲤鱼，不但色彩鲜艳且不易生病好存活。

最适合水培种植的花草

Zuishihe Shuipei Zhongzhi De Huacao

水培花卉的种类

理论上任何花卉都可进行水培，但是不同种类的花卉对环境要求不同，一些需要控制水分才能促进开花的品种，如果采用水培的方式栽培就会对开花产生影响，还有一些花卉的根系对缺氧敏感，对于此类就要定时给营养液中加入空气以补充氧气。

同时，花卉种类不同，所需的营养液也会有差异，需采取适合的营养液配方。

驯化水培品种

盆栽花卉植物要经过适当的“驯化”适应之后才可水培，所谓“驯化”就是将花卉的土生根变成水生根。

常见的水培植物较多，包括君子兰、蝴蝶兰、月季、杜鹃、金钱树、发财树、豆瓣绿、太阳神、竹芋、小天使、玛丽安、山海带、金琥等仙人球以及金线兰、虎尾兰等。香石竹、文竹、非洲菊、郁金香、风信子、菊花、马蹄莲、大岩桐、仙客来、唐菖蒲、万年青、曼丽榕、巴西木、绿巨人、鹅掌柴以及盆景花卉等水培的效果都很好。

水培花卉的最佳时间

一般来说，春秋两季是最适宜花卉进行水培的季节。但由于花卉的种类各异，各种花的生长习性不同，水培时间也会产生差异。比如，如果室内的气温能保持在15～28℃，观叶植物一年四季均可进行，观花植物宜在第一朵花含苞待放时进行，如仙客来、风信子、杜鹃、山茶等常在1月上旬进行水培，这样盛花期正值春节期间，给人以春暖花开的喜悦。

水培的关键措施

Shuipei De Guanjian Cuoshi

给植株换水要适时

与人的呼吸离不开氧气一样，花卉的根系在生长过程中所进行的呼吸代谢，会不断消耗水中的氧气。

水培的过程中，器皿内水中的氧气也会得到空气中氧气的补充，但其量远远不够。所以必须定时换水来补充水中的氧气，换水的时间应根据气温而定。气温高时，宜勤换水。

换水的时候应当用清水冲洗植株根部，剪除无用的老根，如有烂根也应及时剪除，同时，洗去叶面的灰尘，摘除黄叶。

调节合适的水位

观叶植物的水培中，水应添加至植株的什么部位也是关键。水加得太满不利于根系生长，容易造成黄叶或烂根。

一般以水面即将盖过根部，让少量根系暴露在空气中，这样既可让水中根系吸收水中溶解的氧，还可以让露出水面的根系吸收空气中的氧，使植株健壮地生长。

器皿选择

用于观叶植物水培的器皿，外表不应光泽艳丽，以免喧宾夺主，最好用玻璃器皿，这样既可观叶，又可观根。

许多植物的根系均有很高的观赏价值。如富贵竹的根系呈橘红色，置于透明的玻璃器皿中，能提高水培植物的商品价值。

器皿的大小要与植株大小相适应，大的植株应配以大的器皿，以免头重脚轻，也便于固定。

小的植株水培可配轻巧的器皿，只有做到植株与器皿的和谐、统一，才能增加美感。

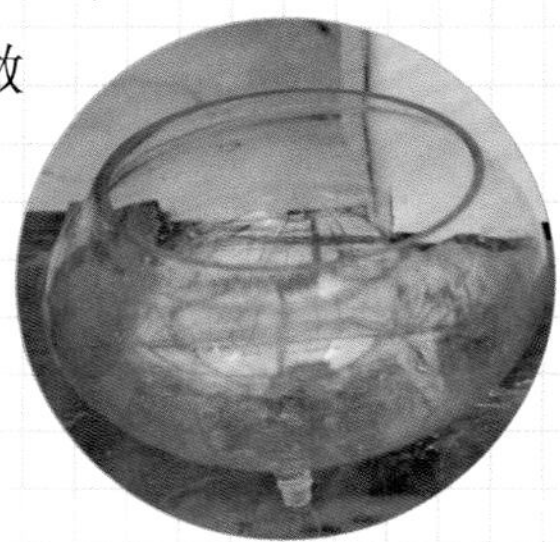

水培花卉的取材方法

Shuipei Huahui De Qucai Fangfa

将花卉改为水培的方法有很多种，最常用的有水插法与洗根法，此外还有剥取蘖芽法和摘取走茎水培法。

水插法

这是一种操作起来比较简便且很容易成活的方式，具体就是在长势旺盛的花卉母株上截取一部分茎、枝，然后将其插入水里，在适宜的环境下会逐渐发芽、生根进而成长为新的水培植株。

需要注意的是，在截取枝条时应在节下3～5毫米处切断，截面要平整，避免产生纵向裂痕。如果是切取带有气生根的枝条，一定要注意保护好气生根。常见的绿萝、富贵竹等花卉都适合用水插法培育。

成品花洗根法

就是选取已经成形的盆栽花卉，用手指从盆底孔把根系连土移出，将根部的泥土抖落，之后在流动水下清洗干净，剪掉老腐病根，并用0.05%～0.1%的高锰酸钾溶液浸泡半小时。

清洗后的花卉定植于备好的器皿内，注入没过根系1/2～2/3的水。

开始每天换一次水，同时，清洗根部和器皿，一周后减少换水次数。待所培育出的花卉在水中长出新根说明已经适应了水培环境，可以7～10天甚至更长时间换一次营养液和水的混合物。在此期间，要给叶面勤喷水，光照半阴。

花卉从土培转为水培时，需将花卉根部洗净，然后将根部一半浸入稀营养液中过渡。切不可将根部全部浸入营养液中，以免影响根部呼吸，可根据花卉根部特征，调整液面高低，当新根生出后，注意使液面接近新根尖。

盆栽花木改为水培虽然可以在任何季节进行，但以春、秋两季进行效果最好。

水培初期，部分花卉要换根，此时，旧根腐烂属正常现象，应及时剪去烂根，洗净植株，洗瓶换液，直至新根生长正常。无根的君子兰及仙人掌类植物水培时，应将其底部触及液面，待新根长出后，液面降至根部的4/5处。

用洗根法取材时，在水中培养水生根的过程中，大多数花卉均可能出现不同程度的烂根现象，经过大约两周的时间，烂根现象基本消失，再经过2～3周，长出新的根系。这基本属于正常，在日常养护时，将烂根剪掉即可。之所以出现烂根，是因为植株由基质（土壤）栽培转入水培，在淹水条件下，原本是旱生植物的根系一般不耐淹水，较长时间的淹水，特别是水中氧气经根系消耗之后不能够得到马上补充的情况下，根系就很容易出现腐烂甚至死亡的现象，另外，根系的细胞结构不适应水中环境，也会出现腐烂的现象。

剥取蘖芽法

这种方法适合萌蘖能力较强的花卉，如君子兰、凤梨等。

选择较大蘖芽，除去上部土壤，露出与母株相连接部位，用手或利刃将蘖芽剥离母株（保护好蘖芽的根），洗净附着在根上的泥土，用水培方法培养。

摘取走茎水培法

有些花卉在生长发育的时候会长出走茎，走茎上又会发育出一株或多株小植株，这些小植株上长大后多带有少量发育完整的根，如吊兰、吊凤梨都有这种特性，利用花卉的这一特点摘取小植株进行水培。这种摘取走茎的水培方法也比较容易成活。

水培花卉的适宜生长条件

Shuipei Huahui De Shiyi Shengzhang Tiaojian

水培器皿

水培容器是花卉整体美的一个重要方面，不仅体现其制造工艺之美，还显现植物特有的器官造型。

选择水培花卉器皿时一般应考虑以下几个问题：透明度要好，水培花卉的根系也是其观赏的主要部分，如果选用不透明的器皿，那么就看不到根系，使得观赏性打了折扣，因此应该选择无色、无印花的器皿。

要与花卉的株型相协调。器皿的款式、质地、体量要与花卉的质地、姿态、体量、风格等相协调。小型轻盈的花卉选用小巧别致的花器，如蟆叶海棠、宝石花等。大型植株应当选择大型厚重的花器，如春羽、海芋等。

要与环境相协调，水培器皿的选择也应与环境相协调，器皿、花材与居室环境风格要和谐统一，布置摆放相得益彰，从而达到理想的观赏效果。

也可间或在水培花卉中进行插花布置。如玻璃花瓶、鱼缸、高脚杯等。

水培基质

水培花卉的水最好选用纯净水或自来水，尽量不要使用河水、井水或者池塘水。因为纯净水和自然水已经过杀菌过滤消毒，里面的寄生虫含量少，便于植物的生长，而河水、井水或者池塘水都有不同程度的污染和富营养化，所以不适宜植物生长。

需要注意的是，自来水在出厂时会用次氯酸消毒，水里面含有较高的氯化物和硫化物，对花卉生长不利，使用的时候应该晾晒半天，让其完全释放。一般情况下，盆中的栽培水过一两个星期要更换一次。

水培植物可以用陶粒或者色彩各异的砂砾作为基质，陶粒的优点是有利于植物生根，既有助于新根的生长又可以防止老根腐烂，还有利于植物的固定，缺点是无法欣赏到植物的根。

水培花卉营养液的配制

Shuipei Huahui Yingyangye De Peizhi

配制原则

花卉要健康生长，需要多种营养元素，包括氮、磷、钾、钙、镁、硫、铁、锰、锌、铜、硼、钼等元素，这些元素也称为根系矿物营养。

营养液的配制是无土栽培操作的重要环节，它的实施主要是通过选择正确的原料进行精确的计算，按照正常的顺序将营养液溶解在水中的过程。

配制营养液时，忌用金属容器，更不能用它来存放营养液，因为营养液会腐蚀金属容器，进而污染环境，最好使用玻璃或者陶瓷器皿。

营养液的配制相对来说比较麻烦，家庭养殖可以从花卉市场直接购买水培的营养液。在市场上选购营养液的时候，要选择正规厂家生产的，注意查看生产日期、保质期、营养液使用说明书等。营养液选购后，要放在低温以及光线较暗的地方保存。

营养液种类

花卉市场出售的水培花卉系列营养液可分为：通用水培营养液、水培君子兰营养液、水培仙人掌科植物营养液、花卉叶面肥（A型）、花卉叶面肥（B型）、生根营养液、浸种营养液等。

水培营养液、水培君子兰营养液、水培仙人掌科植物营养液无毒无腐，可较长时间不换液。当营养液被吸收和挥发后，仅需添加配兑好的营养液。

如果天气干燥、植物较大，一般经过15～20天就要补充一次营养液，补充时加入适量的营养液即可。营养液补充时切不可过多，只需加入容器深度的1/3～1/2即可。

由于各种花卉对微量元素需要的含量极少，而且都有一定相近的适宜浓度范围，其通用配方如下：营养液微量元素通用配方（毫克/升）螯合物0.3、硫酸亚铁0.3、硼酸0.05、氯化锰0.05、硫酸锌0.005、硫酸铜0.002、钼酸铵0.001。

水培花卉的日常管理

Shuipei Huahui De Richang Guanli

为了使花卉保持色泽艳丽，延长生长周期，水培花卉的日常管理应该注意以下几点。

光照

万物生长靠太阳，光照是植物生存的必要因子，通过光合作用植物获得了建造自身的物质。

水培花卉的光线应该以散射光为主，大多不需要长时间放置在阳光下，在夏季更是如此。

当然，对光照也要看花卉的种类，喜光植物应该摆在全光照下才能健康生长，如仙人掌类、景天类等，光照不足，植株容易徒长；喜阴植物应摆放在弱光照下，如天南星科、秋海棠科、竹芋科、蕨类植物等。

温度

水培花卉只是改变了花卉栽培的基质，并没有改变花卉的生长习性。

当栽培温度降至10℃以下，有些品种也就会发生冻害，出现的症状是叶边枯焦、叶子垂落等。

当栽培温度在30℃以上，有花卉的叶子会失去光泽，生长缓慢或进入休眠状态，如四季海棠、彩叶草等。

30℃以上还常见烂根现象，这也与营养液中氧气的含量降低有关。所以需要了解每种花卉生长所需要的温度，在水培时为其创造一个相宜的温度条件也是十分重要的。

另外，寒冷的冬季不能用冷水冲洗根部，水温太低会刺激根部，使叶片变黄脱落。

换水

花卉水培一段时间后，必然会导致水质变差、发臭，所以平时要注意及时换水。

新鲜的水含氧量高，而充足的氧气也有利于花卉的生长。换水时间的间隔

与气温、花卉种类、生长发育程度等均有密切关系。

一般情况下，春、秋季每隔半月换水一次，夏季气温高每隔2 ~ 3天应换水一次，冬季15 ~ 30天换一次水，水量以没过植物根部的2/3为宜。注意，换水时一定要顺便添加对应的营养液。

根部护理

随着水培花卉热的兴起，市场上也出现了造假的现象，就是将未“驯化”的土培花卉经过清洗等简单处理后直接插到水培容器中冒充水培花卉。这些花卉一般养殖一两个月后，很容易出现烂根、烂叶现象。

只要细心观察，要区别真正的水培花卉和水养花卉并不难，因为这两者存在较为明显的区别：经诱导驯化的水培花卉的根部通常以须状为主，不会像土培植物有主根、侧根、毛细根、根毛之分，这是最为明显的特征。水生环境下培植的植物根系洁白干净，一般为黄白色、淡黄色、淡褐色等，根系较为完整；而一些土壤栽培的植株，即使小心地进行冲洗，也存在轻微损伤或严重残根，难以保持根系的完整性。

在给花卉换水时，可以用流动的自来水冲洗其根部，如果根部附着有藻类或黏液，可以用废旧的牙刷刷洗干净。有时即使花卉的长势很好，但也会有老根腐烂，长出乳白色的新根。对于已经开始烂掉的根，要及时剪掉，否则会污染水质。

在夏季温度较高、光照较强的条件下，如果长时间不换水，植株的根部以及栽培器皿壁上还会出现绿色的藻类，这些藻类会大量吸收氧气，并分泌黏液等有害物质影响植物的生长。若出现这种现象更要立刻清洗根部和器皿，更换新水。

增加空气湿度

多数水培花卉都喜好较高的空气湿度，如果空气过于干燥，会造成叶片失色或枯黄，所以应经常向植株喷水，保持较高的空气湿度，以利生长。

营养元素缺乏症

Yingyang Yuansu Quefazheng

水培花卉如果缺少某种营养元素，就会影响其生长、发育和开花，平时可留意花卉表现出的症状，然后对症下药。

如果出现下述症状，也应该仔细查清，因为有的也不一定是由于营养缺乏引起的，有的可能是由于酸碱度不适当，或是同时缺少几种元素引起的。

缺氮

植株生长缓慢，叶色发黄，严重时叶片脱落。

缺磷

常呈不正常的暗绿色，有时出现灰斑或紫斑，延迟成熟。

缺钙

会抑制花芽的发育，并引起根尖坏死，植株矮小，有暗色皱叶。

缺镁

先在老叶的叶脉间发生缺绿病，开花迟，成浅斑，以后变白，最后成棕色。

缺铁

叶脉间产生明显的缺绿症状，严重时变为灼烧状，与缺镁相似，不同处是通常在较嫩的叶片上发生。

缺钾

双子叶植物叶片开始有点缺绿，以后出现分散的深色坏死斑；单子叶植物，叶片顶端和边缘细胞先坏死，以后向下扩展。

缺氯

叶片先萎蔫，而后变成缺绿和坏死，最后变成青铜色。

缺硼

造成生理紊乱，表现出茎和根的顶端分生组织的死亡。比如，三色堇生长就需要较高的硼，缺硼时，新叶呈杯状而且有皱褶。

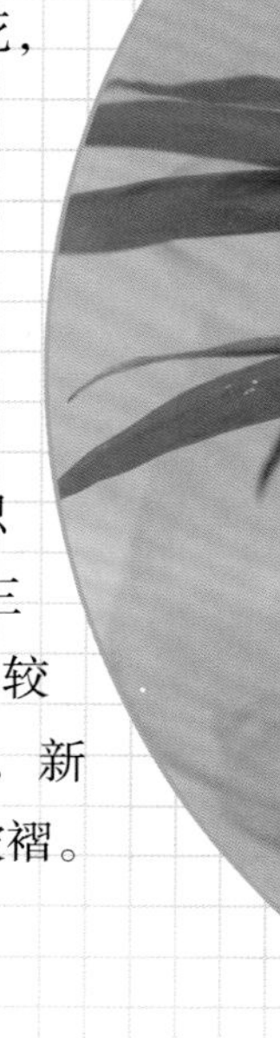

水培花卉常见病虫害防治

Shuipei Huahui Changjianbingchonghai Fangzhi

常见病

细菌无处不在，虽然花卉通过水培的方式摆脱了土壤中病虫害的侵袭，但仍会受到栽培环境中病虫害的侵害。

空气中的真菌、细菌、病毒仍可侵害水培花卉的茎叶，使其发生不同程度的病变。

常见虫害

对水培花卉可能发生的病虫害应以预防为主。在选择水培花卉时，尽可能挑选植株健壮、生长茂盛、无病虫害的花卉。一旦发生虫害，可采用人工捕捉，或用自来水清洗去除。

水培花卉发生浸染性病害是不多的，只有在少数叶片上有褐色病变，干瘪坏死，或者有不规则形湿渍状病变，是由真菌或细菌浸染形成，发现后应将整片病叶摘除消毁，勿使其蔓延。

发生脱节、烂根的水培花卉，可采用植株更新的方法处理，在茎节下端3厘米处截取上端尚完好的枝条，插在清水里，经过一段时间的养护管理，又能长出新根，成为独立的植株。

在夏季闷热的高温天气，或冬季寒冷干燥的天气，环境的空气如果不通畅，过度荫蔽，营养液浓度过高或不能均衡吸收，都可能造成水培花卉叶尖焦枯，下部叶片发黄脱落。及时改善水培花卉的养护环境，便可避免非浸染性病害的发生。

营养液使用

营养液配制时一定要按照营养液的说明书配制，注意比例不要过量，浓度太高的营养液有时候会“杀死”花卉的根系，另外，也不要延长每次加营养液的时间间隔，以免导致营养缺乏。

环境通风

水培花卉生长的好坏与水中溶解氧的含量密切相关，平时要注意栽培环境的通风，从而补给水中的溶解氧。

Huakaifugui

Part 02

花开富贵轻松水养

Huakaifugui Qingsong Shuiyang

扶桑

Fu Sang

Message

别名：朱槿、佛桑、红木槿、桑槿、大红花、状元红

拉丁学名：Hibiscus rosa-sinensis

科属：锦葵科木槿属

原产地：中国

健康价值

扶桑的花朵硕大，鲜艳美丽，具有较高的观赏价值，另外，扶桑花也有清肺、化痰、凉血、解毒功效。扶桑的花、叶、根均可以入药。其叶有清热解毒作用。花有清肺、化痰、凉血、解毒功效，外敷可治痈肿毒疮，还有降低血压的作用。

生长习性

形态特征：扶桑叶似桑叶，也有圆叶、阔卵形或狭卵形，花单生于上部叶腋间，常下垂；花冠漏斗形，花色有红、粉红、玫瑰红、淡红、淡黄、青、白等，其中深红重瓣者较不多见。花瓣倒卵形，先端圆，外面疏被柔毛，花期全年。品种较多，其形态异彩纷呈。

生态习性：扶桑属于强阳性植物，性喜温暖、湿润，要求日光充足，不耐寒，耐修剪，发枝力强。

日照：扶桑喜欢充足的光照，不耐阴。

温度：生长适温为15～25℃，越冬温度不宜低于5℃。

日常养护

选择株型饱满、生长旺盛、无病虫害的盆栽扶桑，脱盆去土，用与室温接近的水洗净根系泥土，并剪除根部已腐朽和老化的根须，如果根须长得繁密可剪去约1/3，但应避免伤及新根。

修剪完根须后，用0.1%～0.5%的高锰酸钾水溶液浸泡根系20分钟，既杀菌消毒，又可促发新根。清洗后将植株放入容器中，加水没过根系的1/3～2/3，期间每隔2～3天换水一次，当水生根长到5厘米长的时候即可添加营养液培养。

扶桑花喜欢充足的光照，所以平时尽量摆放在光线充足的地方，但夏季要注意遮阴，避免中午前后强光直射。

更换营养液时，可观察营养液的浑浊程度，如果清澈透明，可不更换。另外，营养液培育的时候容易产生青苔等藻类，要及时清洗，以免其与植株争氧。

栽培心得

水培扶桑也要注意防治病虫害，同时及时更换水，防治烂根。

季节	春	夏	秋	冬
光照	全日照	遮阴	全日照	全日照
营养液	肥料 隔半月		肥料 隔半月	肥料 隔一月

彩苞凤梨

Cai Bao Feng Li

Message

别名：大剑凤梨、火炬

拉丁学名：Vriesea poelmannii

科属：凤梨科丽穗凤梨属

原产地：中南美洲及西印度群岛

健康价值

与大多数植物白天进行光合作用，晚上吸收氧气相反，彩苞凤梨晚上会吸收二氧化碳释放出大量的氧气，这种现象叫景天酸代谢作用，所以其非常适合在居室内摆设。

生长习性

形态特征：多年生常绿草本，叶丛紧密聚合成漏斗状，叶较薄，亮绿色，具光泽，叶缘光滑无刺。花茎从叶丛中心抽出，复穗状花序，具多个分枝，苞叶鲜红色，小花黄色。

生态习性：喜温暖湿润和光照充足的环境，不耐寒，忌水涝。

日照：彩苞凤梨喜阳光充足的环境，除了夏季外，其他季节可放在阳光下培育，温度高的时候中午要注意遮阴。春季是生长期和开花期，每天需充足阳光照射，才能正常开花，中午前后可稍遮阴。

温度：生长适宜温度20～27℃，冬季温度不低于12℃。

日常养护

水培彩苞凤梨的材料可以选择盆栽的彩苞凤梨植株或植株基部10厘米长的带有5～6片叶片的吸芽。

将彩苞凤梨盆栽植株或其吸芽根部的泥土洗净，去掉老根、病根，放入瓶中，加水培养。温度保持在25～28℃以及较高的空气湿度，每隔2～3天换水一次，换水的时候加入少量多菌灵水溶液，起到消毒防腐的功效。

当彩苞凤梨的水生根长到3厘米长的时候，可以改为添加营养液培养，加入的营养水溶液以没过根系1/2为宜。

彩苞凤梨平时可摆放在光线明亮处，气温较高的时候每天应向叶片喷水1～2次，盛夏高温高湿时期，一定要有良好的通风环境，通风良好时，植株粗壮，叶片宽而肥厚，如果通风不好植株易患病。

到了秋季，需要经常用棉布擦拭叶面，保持叶面洁净。冬季温度应不低于12℃，要放在向阳的位置，否则易发生冻害。

季节	春	夏	秋	冬
光照	全日照	遮阴	全日照	全日照
营养液	肥料 隔2～3天		肥料 隔2～3天	肥料 隔15天

红掌

Hong Zhang

Message

别名：花烛、安祖花、火鹤花、红鹤芋、红鹅掌

拉丁学名：Anthurium andraeanum

科属：天南星科花烛属

原产地：南美洲

健康价值

红掌能够调节室内空气湿度，吸收有害气体，改善室内空气质量。红掌花的汁液会有轻微的毒性，不误食就不会有事，每次修剪枝叶后记得要洗手。

生长习性

形态特征：多年生常绿花卉，具肉质根，无茎，叶子心形，深绿色，花梗直立，具长柄，单生。花蕊长而尖，鲜红色，花腋生，佛焰苞蜡质，卵心形，橙红或腥红色，肉穗状花序无柄，直立。

生态习性：水培红掌性喜温暖、潮湿、半阴的环境，忌阳光直射。不耐寒，忌水涝。

日照：喜欢半阴的环境，忌强光直射，强光照会灼伤叶面，叶片变黄失去光泽，卷曲不展。夏秋季要遮阴，冬季可放在阳光充足的地方。

温度：生长适温18～25℃，低于15℃生长缓慢，所以换水的时候水温也应该保持在15℃以上。

日常养护

选择健壮的红掌作为水培的母本材料，拍松盆土，脱盆，再将整个植株清洗干净。将冲洗干净的母本材料从离根的基部3～5厘米处剪除原土生根系，依据植株的大小用定植篮固定好。将植株与定植篮一起浸入3%～5%的多菌灵溶液中消毒3～5分钟，之后冲洗干净，放阴凉处晾干。

将晾干的母本材料连同定植篮一起放入水培容器中加水催根，大约20天可长出新的水生根。红掌喜欢潮湿的环境，湿度应该保持在70%～80%，平时可以用废弃的可乐瓶接满自来水晾置几天后灌入喷壶中，给叶面喷水。

当红掌的根系长得过长、过密时，需要适当地将老根剪除，长根修短，以促使新根萌发。如果有腐烂的根须，也要及时剪除，1～2天换水一次，直到植株萌发新根之后再转入正常养护。

夏季每周换水一次，春秋季每隔10天左右换水一次，冬季每隔20天换水一次，换水的同时加入适量营养液。如果使用的是自来水，一定要搁置一天后再使用，让水中的氯气充分挥发掉。

季节	春	夏	秋	冬
光照	遮阴	遮阴	遮阴	全日照
营养液	肥料 隔10天	肥料 隔7天	肥料 隔10天	肥料 隔20天

白鹤芋

Bai He Yu

Message

别名： 一帆风顺、白掌、苞叶芋、银苞芋

拉丁学名： Spathiphyllum kochii Engl. et Krause

科属： 天南星科白鹤芋属

原产地： 南美洲

健康价值

水培白鹤芋，可以通过蒸发作用调节室内的温度和湿度，植株能有效净化空气中的挥发性有机物，如酒精、丙酮、苯、甲苯、臭氧等。

生长习性

形态特征： 白鹤芋的叶长椭圆状披针形，两端渐尖，叶脉明显，叶柄长，基部呈鞘状。花葶直立，高出叶丛，佛焰苞直立向上，稍卷，白色，肉穗花序圆柱状。

生态习性： 白鹤芋喜欢温暖潮湿半阴的环境，一年四季可放在有充足散射光的地方，不耐寒。

日照： 白鹤芋喜欢半阴的环境，忌强光直射，否则叶片就会变黄，严重时会出现日灼病。

温度： 生长适温22～28℃，冬季温度不应该低于15℃。

日常养护

选择生长旺盛的白鹤芋盆花作为水培母本，将植株从花盆中取出，抖落泥土，用清水冲洗干净，注意尽量不要损伤根系。用剪刀剪掉所有的坏根和老根，保留1/3～2/3的根系。

将剪根后的植株放到0.1%～0.5%的高锰酸钾溶液中浸泡10～15分钟，防腐消毒，之后用清水冲洗干净。

将植株用珍珠岩或者蛭石定植在定植篮内，根系要求舒展，再放入水培容器中，加强温度、光照的管理，一般10～20天后，会长出水生根，待新生根完全适应水环境后，即可加入营养液水培。春秋季节隔7天换水一次，冬季隔10天左右换水一次，夏季隔3天左右换水一次。

如果水中缺氧，容易引起烂根，所以在平时养护的时候要及时增加水中的溶氧量，最简单的方法是轻轻晃动水培器皿，让里面的营养液也跟着流动，就能很快提高溶氧量。

夏季要注意保持环境通风，经常向叶面喷水喷雾，冬季温度低于14℃的时候容易发生冻害。

如果是在北方有暖气的房中养护，要尽量远离暖气设备，并注意保持空气的湿度，不能过于干燥。

季节	春	夏	秋	冬
光照	遮阴	遮阴	遮阴	全日照
营养液	肥料 隔7天	肥料 隔3天	肥料 隔7天	肥料 隔10天

倒挂金钟

Dao Gua Jin Zhong

Message

别名： 铃儿花、吊金钟、灯笼花

拉丁学名： Fuchsia hybrida Voss.

科属： 柳叶菜科倒挂金钟属

原产地： 中美洲

健康价值

在室内如果温度和养护得当，能四季开花，花香浓郁，水培倒挂金钟适用于客室、花架、案头点缀，用清水插养，既可观赏，又可生根繁殖，非常美观。倒挂金钟的花朵也是一种传统中药，具有行血去瘀、凉血祛风的功效。

生长习性

形态特征： 叶长圆形或倒卵状长圆形，花为伞房花序顶生，花粉红色或红色，常5～8朵，下垂呈钟形，从枝顶覆瓦状排列的红色大苞片内生出。

生态习性： 喜好潮湿冷凉的环境。

日照： 日照以半遮阴为宜，太阴暗处会导致茎、叶软弱，不易开花。

温度： 生长适温15～25℃，超过30℃植株生长缓慢。

日常养护

水培倒挂金钟的母本可以选择长势旺盛的盆栽植株，脱盆、去土，将根部冲洗干净，剪掉病根、老根。

然后将植株2/3的根系浸泡在水中培养水生根，每隔2～3天换水一次，换水的同时加入少量的多菌灵溶液，起到防腐杀菌的效果。温度保持在20℃左右，一般15～20天就能培育出水生根。

当水生根长到5厘米长的时候，可以装瓶用营养液培养。

在水培过程中，营养液的更换也非常重要，可以观察器皿中的透明度，浑浊时更换，也可以按照季节和气温的变化来更换。夏季高温时期，每隔5～7天换一次，春秋季每隔半月换一次，冬季隔20天左右换一次。

夏季炎热时可向植株周围喷雾，不要使叶面积水。

水培倒挂金钟有时候也会受到蚜虫危害，可用肥皂水将蚜虫冲洗干净，或用镊子捕捉干净，之后要经常观察，避免虫害扩散。

栽培心得

平时养护倒挂金钟一定要注意保持适宜的温度，过高过低都会使其进入休眠期或直接停止生长。

季节	春	夏	秋	冬
光照	遮阴	遮阴	遮阴	全日照
营养液	肥料 隔15天	肥料 隔5～7天	肥料 隔15天	肥料 隔20天

八仙花

Ba Xian Hua

Message

别名： 绣球、草绣球、粉团花、紫阳花

拉丁学名： Hydrangea macrophylla

科属： 虎耳草科八仙花属

原产地： 中国、日本

健康价值

八仙花的花朵硕大、艳丽，有很好的观赏价值。同时，八仙花的花瓣还具有入药的价值，可以宁心安神，主治疟疾、心热惊悸、烦燥。

生长习性

形态特征： 叶大而稍厚，对生，倒卵形，边缘有粗锯齿，叶面鲜绿色。八仙花花大型，由许多不孕花组成顶生伞房花序。每年6月上旬初放，夏至盛开，终年不谢。花色多变，初时白色，渐转蓝色或粉红色。

生态习性： 喜温暖、湿润的环境，平时栽培要避开烈日照射。

日照： 喜欢半阴的环境，特别是夏季一定要避免强光直射。

温度： 生长适温18～28℃，冬季越冬温度不低于5℃。

日常养护

水培植株的取材可用洗根法，选择株型美观、长势健康的盆栽八仙花，脱盆去土，用清水将根部洗净，然后定植在水培容器内，加水至没过根系的1/3～2/3，每隔2天换水一次，换水的时候可加入少许多菌灵，防腐杀菌。

如果是在寒冷的冬季，千万不能用冷水冲洗根部，如果水温太低会刺激根部，使叶片变黄。

若是用自来水培养，一定要提前将自来水晾晒一天，让其中的氯气能完全释放，并保持水温与周围环境的温度一致，营养液每隔3～5天更换一次。

八仙花萌芽力强，在植株基部会萌发很多营养枝，为减少营养损耗，平时要注意修剪。

八仙花的叶片肥大，枝叶繁茂，需水量较多，在生长季的春、夏、秋季，要及时补水。夏季天气高温炎热，蒸发量大，除及时更换水、添加营养液外，还要每天向叶片喷水，以适度补水。冬季宜将植株放在室内向阳处，以防止霜冻。

栽培心得

水培八仙花霜降后应将容器移至朝南向阳、避风暖和处，保证越冬安全。

季节	春	夏	秋	冬
光照	全日照	遮阴	全日照	全日照
营养液	肥料 隔3～5天	肥料 隔3～5天	肥料 隔3～5天	肥料 隔7～10天

Message

别名： 洋绣球、入腊红、石蜡红、洋葵、驱蚊草

拉丁学名： Pelargonium hortorum

科属： 牻牛儿苗科天竺葵属

原产地： 非洲南部

健康价值

天竺葵精油具有刺激淋巴系统和利尿的功能，两项功能可以相互增强，协助身体迅速有效地排除过多的体液。

生长习性

形态特征： 多年生草本，茎直立，基部木质化，被开展的长柔毛，叶互生；托叶呈三角状宽卵形，被柔毛；叶片肾圆形，边缘具不规则的锐锯齿。花冠通常5瓣，伞状花序，花色有红、白、粉、紫等。

生态习性： 喜温暖、潮湿及阳光充足的环境，不耐寒，忌高温，夏季呈半休眠状态。天竺葵种类很多，常见的有马蹄纹天竺葵、蔓性天竺葵、大花天竺葵等。

日照： 喜欢充足的阳光，但在夏季要适当遮阴，避免暴晒。

温度： 生长适宜温度10～20℃，冬季温度不应低于5℃，春季气温能维持在15℃的时候可放到室外养护，夏季25℃以上处于半休眠状态。

日常养护

水培天竺葵的材料可以用水插法也可以用洗根法，水插法就是从生长健壮的盆栽天竺葵的植株上截取一段茎秆，直接插入水中3～4厘米，每隔2～3天换水一次，一般15天左右即可长出水生根。

当长出水生根时，可添加营养液培养，一般每隔15～20天更换一次营养液。

平时养护的时候冬春季可摆放在室内阳光充足的地方，夏季要遮阴，6～7月天竺葵处于半休眠状态，叶片老化，应避免阳光直射。营养液的浓度不能太高，并注意保持良好的通风环境。

秋季随着气温下降，以及昼夜温差的加大，天竺葵进入生长开花的旺盛期，可结合换水和营养液的次数，以促进开花。花开后应及时剪除花梗与老梗与老弱枝，以促其水中生长。

天竺葵长到一定程度的时候要及时摘心，这样可以促进萌发新枝，增加植株的观赏性，还可促进花蕾生长。花谢后要及时剪掉残花，避免消耗太多养分。

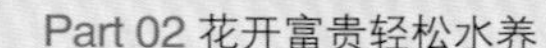

季节	春	夏	秋	冬
光照	全日照	遮阴	全日照	全日照
营养液	肥料 隔15 ~ 20天	肥料 浓度淡	肥料 隔15 ~ 20天	肥料 隔20天

仙客来

Xian Ke Lai

Message

别名： 兔耳花、萝卜海棠、一品冠、篝火花、翻瓣莲

拉丁学名： Cyclamen persicum

科属： 报春花科仙客来属

原产地： 希腊、叙利亚

健康价值

仙客来对空气中的有毒气体二氧化硫有较强的抵抗能力。它的叶片能吸收二氧化硫，并经过氧化作用将其转化为无毒或低毒的硫酸盐等物质。

生长习性

形态特征： 仙客来为多年生草本植物，肉质叶片由块茎顶部生出，呈卵形、心形等状。花单生于花茎顶部，花瓣向上卷，花瓣边缘有全缘、缺刻、皱褶等形，就好像兔子的耳朵一般。花朵的颜色常见的有粉色、白色、红色、雪青色等。

生态习性： 喜欢温润、凉爽的环境。

日照： 喜欢充足光照，养护时要经常改变花盆的位置，让植株受光均匀，可使花更艳，叶片更富有光泽。春季要给予充足的光照，秋季可摆放在向阳的窗台上，给以全天光照，不耐强光，夏季要注意遮阴。

温度： 生长适温15～25℃，夏季温度高于30℃时植株休眠，冬季是开花期，温度不应低于10℃。

日常养护

水培仙客来的材料可以选择从市场上购买盆栽仙客来，先将盆土轻轻松动，之后将盆土和植株从盆中扣出，放在水龙头下用比较和缓的水流将根部冲刷干净。

在清洗根部的时候一定要注意动作要轻，以免伤及植株根系。

将冲洗干净的仙客来植株放在准备好的水培容器中，用定植篮或蛭石、卵石等固定，容器中加水至没过植株根系的2/3为宜，每隔2～3天换水一次，一般半月之后就能长出新的水生根，之后可改为用花卉营养液培养。

仙客来喜欢阳光充足的环境，可摆放在室内阳光充足的地方，夏季高温的时候注意给植株喷雾降温，注意避免强烈光照，温度高于30℃时植株休眠，可放在空气流通的遮阴处，以防烂根。

12月左右，仙客来进入花期，在这期间要保持一定的光照和温度。

栽培心得

水培仙客来要防止烂根现象，所以需要及时换水。

季节	春	夏	秋	冬
光照	全日照	遮阴	全日照	全日照
营养液	肥料 隔5～7天	肥料 浓度淡	肥料 隔5～7天	肥料 隔5～7天

非洲菊

Fei Zhou Ju

Message

别名： 灯盏花、扶郎花、太阳花、秋英、波斯花、千日菊

拉丁学名： Gerbera jamesonii Bolus

科属： 菊科秋英属

原产地： 南非

健康价值

非洲菊花形美观，气味芬芳，适合在客厅或者公共场所摆放。非洲菊的花朵还有清热解毒、化瘀利尿的功效，常用于疔疮肿毒、咽喉肿痛、水肿、黄疸的治疗。

生长习性

形态特征： 全株有细毛，叶基生，莲座状，叶片长椭圆形至长圆形，顶端短尖或略钝，基部渐狭，边缘为不规则羽状浅裂或深裂。

生态习性： 喜冬暖夏凉、空气流通、阳光充足的环境，不耐寒，忌炎热。盆栽时喜肥沃疏松、排水良好、富含腐殖质的沙质壤土，忌粘重土壤，宜微酸性土壤，生长最适pH为6.0～9.0。

日照： 性喜光，冬季应全日照，夏季应注意适当遮阴，并加强通风，以降低温度，防止高温引起休眠。

温度： 生长适宜温度16～25℃，冬季温度不低于7℃，如果想全年都有花开，冬季要保持室温12～15℃以上，温度低于7℃的时候要注意采取保温措施，以防冻灾。

日常养护

水培非洲菊的材料可选择洗根法，一般不需特殊管理，在水培的时候应避免叶子浸入水中，以免造成腐烂。

一般情况下，春、秋季5～10天换一次水；夏季5天左右换一次水；冬季10～15天换一次水，如果是自来水应该放置一天，然后按比例加入浓缩营养液。

每次换水时，用清水冲洗植株的根部及容器，修剪枯枝败叶及烂根。

在正常生长情况下，其会定期烂掉一部分根，再生长出新的根来，如果发现烂根，要及时用消过毒的剪子（用酒精棉消毒）将腐烂的根修剪掉，有的时候可以把一些老根也修剪掉，以促进新根的生长，修剪的时候一定注意不要伤到水生根。

栽培心得

水培非洲菊虽然较少有病害，但偶尔会出现叶斑病、白粉病等，叶斑病可用70%的甲基托布津可湿性粉剂900倍喷施，白粉病可用70%的甲基托布津1500倍液进行防治。

季节	春	夏	秋	冬
光照	全日照	遮阴	全日照	全日照
营养液	肥料 5～10天	肥料 5天	肥料 5～10天	肥料 10～15天

银叶菊

Yin Ye Ju

Message

别名：雪叶菊

拉丁学名：Senecio cineraria

科属：菊科千里光属

原产地：南欧

健康价值

银叶菊的叶片正反面被银白色软绒毛覆盖，就像冬季的白雪，与其他花卉搭配水培，具有较高的观赏价值。

生长习性

形态特征：银叶菊的植株矮壮丰满，叶片舒展，叶呈匙形或羽状，正反面均被银白色柔毛，叶片质较薄，叶片缺裂，如雪花图案，具较长的白色绒毛。头状花序单生枝顶，花紫红色。花期6～9月，种子7月开始陆续成熟。

生态习性：银叶菊喜凉爽湿润、阳光充足的环境，生长环境温度在25℃时，萌枝力最强。不耐酷暑，高温高湿时易死亡。

日照：银叶菊喜欢充足的光照，夏季可适当遮阴。

温度：银叶菊的生长适温为20～25℃，冬季可耐-5℃的低温，温度过低会让银叶菊生长放缓。所以冬季仍需要防寒保温，宜保证充足的光照。

日常养护

水培银叶菊可以用洗根法取材，选择长势健壮的植株，脱盆、去土，用与水培环境温度相同的清水冲洗根部，之后用高锰酸钾溶液浸泡消毒，再冲洗干净。

用消过毒的剪刀，剪去老根、枯根，然后定植在水培器皿内，加水催根，水量以没过根系的1/2为宜，注意勤换水，换水的时候不要弄伤根系。

当大部分新的水生根长出时，就可以改为添加营养液培养。营养液的浓度要视气候而定，如果是在夏季高温的时候，一定要淡，或者改为清水，冬春季营养液的浓度可稍微高点。

栽培心得

水培银叶菊，可以通过摘心控制其高度和增大植株的蓬径，让植株长得更加紧凑、健壮。虽然水培银叶菊少见有病虫害的发生，但也需要在养护过程中注意防止烂根。

季节	春	夏	秋	冬
光照	全日照	遮阴	全日照	全日照
营养液	肥料 隔5～7天	肥料 隔2～3天	肥料 隔5～7天	肥料 隔5～7天

风信子

Feng Xin Zi

Message

别名：五色水仙、时样锦

拉丁学名：Hyacinthus orientalis L.

科属：风信子科风信子属

原产地：南欧、非洲

健康价值

株型美观，花色艳丽，具有较高的观赏价值。花瓣可制作成精油，具有镇静情绪、平衡身心、舒缓压力、消除身心疲劳、促进睡眠安宁的功效。

生长习性

形态特征：风信子为多年生草本植物，鳞茎，其花色彩丰富，有红、蓝、白、黄、紫等多种颜色，培植方式以分球繁殖为主。

生态习性：风信子性喜温暖、阳光充足的环境，耐寒，地植、盆栽、水养均可。

日照：球茎发芽前不应放在直射的太阳光下照射，发芽后应保持充足的阳光照射。

温度：鳞茎生长适温2～6℃，芽萌动适温5～10℃，现蕾开花期生长适温15～18℃。

日常养护

水培风信子的取材主要是选择鳞茎种球直接水培，一般是挑选那些表皮没有损伤、肉质鳞片不太皱缩，外壳坚硬而沉重、饱满的种球，这类种球开出的花朵也比较艳丽、饱满。

挑选好种球后，将其放在阔口的玻璃容器内，可加入少许木炭消毒防腐。容器内的水量以不接触球茎底部为宜。

在生根前要将容器放置到阴暗处，可用黑布遮住容器，黑暗的环境有利于植株根系的萌发。

温度保持在15～20℃，一般经过20多天后，根部便在全黑的环境下萌发出来，这时可撤去黑布，将其摆放在阳光下，初期每天照1～2小时后逐步增至7～8小时。

根系充分生长后，每隔2～3天换水一次，保持水质清洁。

待叶片长出后，逐渐增加光照，现蕾后可接受直射光照，但要注意经常调整受光方向，使叶和花茎生长健壮挺拔，防止歪向一边。

水培风信子可以不添加营养液，每隔3～4天换水一次，直至花谢。如果使用营养液培养，可每隔15～20天更换一次营养液，但浓度不要太高。

季节	春	夏	秋	冬
光照	全日照	遮阴	全日照	全日照
营养液	肥料 隔15～20天	肥料 隔15～20天	肥料 隔15～20天	肥料 隔20天

蝴蝶兰

Hu Die Lan

Message

别名：蝶兰

拉丁学名：Phalaenopsis aphrodite Rchb. F.

科属：兰科蝴蝶兰属

原产地：马来西亚、泰国、菲律宾

健康价值

蝴蝶兰花形美丽大方，摆放在居室中赏心悦目，同时可以吸收空气中的废气，释放出氧气。

生长习性

形态特征：蝴蝶兰为多年生常绿附生草本，茎短，常被叶鞘所包。叶片肉质，上面绿色，背面紫色，椭圆形、长圆形或镰刀状长圆形，先端锐尖或钝，基部楔形或有时歪斜，具短而宽的鞘。花序侧生于茎的基部，常具数朵由基部向顶端逐朵开放的花。

生态习性：水培蝴蝶兰喜温暖、湿润、散射光充足的环境，耐半阴，忌水涝，不耐寒。

日照：蝴蝶兰喜欢生长在半阴环境，忌阳光直射或暴晒。

温度：蝴蝶兰生长适温为18～30℃，冬季15℃以下就会停止生长，低于10℃容易死亡。

日常养护

水培蝴蝶兰可以用洗根法取材，选择中等株型的盆栽蝴蝶兰，脱盆、去土，将根部用水冲洗干净，用消过毒的剪刀剪去病根枯根。

将处理过的植株用定植篮固定于玻璃器皿中，器皿中加入适量清水，水量以稍微接触到根尖为宜。在培养水生根的过程中，要保持植株的湿度，如果过于干燥，要给植株喷雾喷水。

如果温度和环境适宜，一般20～30天会长出新的根系，当水生根长到5厘米长的时候，可以改用营养液培养。

水培一段时间后，容器的表面和根部会出现很多青苔，需要定期清理掉，以免引起水生根腐烂。

蝴蝶兰由于不喜阳光直射，所以通常摆放在有散射光的地方。又因其需要的空气湿度较大，所以要经常在植株周围喷些水，增加空气湿度，以利于良好生长。在夏季还要给蝴蝶兰经常通风，可以降低温度，减少病虫害的发生。

栽培心得

水培蝴蝶兰常伴以水草、苔藓一起生长，所以要定期清洗根部和容器。

季节	春	夏	秋	冬
光照	遮阴	遮阴	遮阴	全日照
营养液	肥料 隔5~7天	肥料 隔2~3天	肥料 隔5~7天	肥料 隔5~7天

三色堇

San Se Jin

Message

别名：猫儿脸、人面花、猫脸花、蝴蝶花、鬼脸花

拉丁学名：Viola tricolor L.

科属：堇菜科堇菜属

原产地：欧洲

健康价值

三色堇具有杀菌的功效，尤其对皮肤上出现的青春痘、粉刺、过敏问题，有不错的功效，用作药浴还有丰胸的作用。

生长习性

形态特征：三色堇是春季的主要花卉之一，茎粗花大，基生叶叶片呈卵形或披针形。因花在五个花瓣上有三种颜色对称分布，构成的图案好像猫的两耳、两颊和一张嘴，故又名“猫儿脸”。从花形上看，有大花形、花瓣边缘呈波浪形的及重瓣形的，整个花被风吹动时，如飞舞的蝴蝶，所以又有“蝴蝶花”的别名。

生态习性：较耐寒，喜凉爽，忌高温，耐寒抗霜。

日照：喜阳光，日照长短比光照强度对开花的影响大，如果日照欠佳，开花则会不好，因为光线不足，三色堇的生长会迟缓，枝叶无法充分茁壮，导致无法开花。

温度：在昼温15～25℃、夜温3～5℃的条件下发育良好。

日常养护

选取盆栽植株，脱盆去土，将根系洗净，剪掉老根病根，放入水培器皿内，加水至没过根系的1/3～2/3，每隔2～3天换水一次，换水的时候可滴入少许多菌灵水溶液，起到防腐消毒的作用。

在诱导水生根的时候，植株应摆在阴面，可将根部用不透明物遮挡，黑暗的环境有利于根系生长。

一般15～20天会长出新的水生根，当新的水生根长到3厘米长的时候，可以加入营养液培养。

此时，可减少换水的次数，一般可观察水体的透明度，如果水质没有浑浊，可不换水。

水培的时间长了，就会有青苔出现在根部以及容器内壁，对此要及时处理，用软毛刷轻轻刷去。

贴心提示

三色堇全草可以用作药物，茎叶含三色堇素，主治咳嗽等疾病。

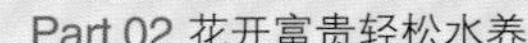

季节	春	夏	秋	冬
光照	全日照	遮阴	全日照	全日照
营养液	肥料 隔5～7天	肥料 浓度低	肥料 隔5～7天	肥料 不添加

百合

Bai He

Message

别名：山丹、番韭、倒仙、摩罗

拉丁学名：*Lilium brownii* var. *viridulum*

科属：百合科百合属

原产地：中国

健康价值

中国将百合视为吉祥的象征，含有“百年好合”、“百事合意”之意。百合不仅能吸收一氧化碳、二氧化硫等有害气体，花朵还含有丰富的营养物质，对人体有润肺止咳、清心安神的效果。

生长习性

形态特征：多年生草本，下部具卵球形鳞茎，外无皮膜，由多数肥厚肉质鳞片抱合而成，内部中央有芽。叶散生，通常自下向上渐小，披针形、窄披针形至条形。

生态习性：水培百合喜欢温暖稍带冷凉而干燥的气候，耐寒、耐干旱，忌酷热和水涝。

日照：喜欢充足的光照，也能耐半阴，明亮的光照有利于植株的生长以及花朵的艳丽。夏季光照比较强烈的时候要注意遮阴，防治高温腐烂，可每天向植物喷雾，以保持湿润的环境。

温度：生长适温15～25℃，低于10℃和高于30℃均不利于植株生长。

日常养护

水培百合可以选择长势旺盛的盆栽品种，脱盆、去土、洗净根系，定植在玻璃容器内，用陶粒、彩石等介质将鳞茎固定，切忌浸入水中。

在培养水生根的时候要勤换水，每隔2～3天换一次水，长出水生根后可在水中加入营养液，每隔7～15天换水一次，如果是自来水一定要提前一天晾晒。

百合开花后，对营养的需求降低，在此阶段要降低营养液的浓度。

水培百合花最好提供适宜生长的温度，温度如果过低的话会影响百合花的正常生长，每天接受光照时间6小时，能提早开花，如果光照时间减少，则开花推迟，植株容易徒长。

栽培心得

水培百合在花期时如果突然遭遇冷空气，花朵容易快速凋谢，所以冬季花期时要移入温暖室内，让花季顺利进行，或是让植株进入休眠状态，以顺利越冬。

季节	春	夏	秋	冬
光照	全日照	遮阴	全日照	全日照
营养液	肥料 隔7 ~ 15天	肥料 不添加	肥料 隔7 ~ 15天	肥料 隔7 ~ 15天

君子兰

Jun Zi Lan

Message

别名：达姆兰、大花君子兰、大叶石蒜

拉丁学名：Clivia miniata

科属：石蒜科君子兰属

原产地：南非

健康价值

君子兰有较强的净化空气功能，尤其是它的厚叶片，对硫化氢、一氧化碳、二氧化碳有很强的吸收作用。另外，还能吸收烟雾，调节室内混浊空气。君子兰不宜放置卧室，因在夜间它会消耗氧气，释放出二氧化碳，对睡眠健康不利。

生长习性

形态特征：君子兰的根系粗大，肉质纤维状。叶片从根部短缩的茎上呈二列叠出，排列整齐，宽阔呈带形，顶端圆润，质地硬而厚实，并有光泽及脉纹。基生叶质厚，叶形似剑，叶片革质，深绿色。

生态习性：既怕炎热又不耐寒，喜欢半阴而湿润的环境，畏强烈的直射阳光，喜欢通风的环境，喜深厚肥沃疏松的土壤。

日照：喜半阴，在室内种植君子兰需要经常转盆，调整光照对它的影响。君子兰的叶子有趋光性，如果将它长期放在室内一个地方，叶子必定朝向阳的方向偏转，影响形状。

日常养护

将盆栽的二年生君子兰，用清水洗净后，剪去老根、黄叶，将根部插入经晾置1～2天的自来水中培养；水温要求15～20℃，开始时根系的入水深度以1/3～1/2为宜；逐步加量至根系全部浸入水中，但如发现叶尖出现水珠时，须适当降低水位。

不定时检查其根部状况，一切正常的话，每周换水一次，直至其根部长出足量新根，那便是水生根，说明水培成功，此时可改为用营养液培养。花卉市场有专门的水培君子兰营养液出售，也可以用通用型的观花营养液。

在初培或每次进行换水、修剪、修根等操作时，可用清洁的器皿盛0.1%的高锰酸钾溶液，将植株的根部在溶液中浸泡3～5分钟，再用清水漂洗后，放入容器中培植，可起到消毒预防病虫害的作用。

经过一段时间的养殖，根部会生出一层青苔，青苔过厚时会严重影响根的呼吸，并腐蚀营养液。这时，需要用柔软干净的毛刷轻轻刷去青苔层（不必刷得很干净，因根部有少量青苔影响不大）。

季节	春	夏	秋	冬
光照	遮阴	遮阴	遮阴	全日照
营养液	肥料 隔7～10天	肥料 隔5～7天	肥料 隔7～10天	肥料 不 添 加

紫凤梨

Zi Feng Li

Message

别名：铁兰、细叶凤梨

拉丁学名：Tillandsia cyanea Linden ex K. Koch

科属：凤梨科铁兰属

原产地：厄瓜多尔

健康价值

水培紫凤梨新奇典雅，可以美化环境，叶色碧绿，花苞经久不凋，是一种花、叶俱佳的室内盆栽花卉，适合摆放在阳台、窗台和书桌上，也可以作为陪衬性的材料，比如悬挂在客厅里，均能获得良好的观赏效果。另外，紫凤梨还具有净化空气的作用，能改善家居环境。

生长习性

形态特征：紫凤梨的植株相对来说比较矮小，茎部肥厚，叠生成扇形的粉色苞片着生于绿叶中间，苞片自下而上开出蓝紫色的小花，花型似兰花，美观典雅。

生态习性：水培紫凤梨喜欢高温、高湿的环境，不耐低温与干燥。

日照：喜欢充足的散射光，忌强光直射，充足的光照有利于株型的美观和花朵的艳丽。

温度：紫凤梨生长适温15～25℃，冬季温度不低于15℃，所以到了冬季需要将其放置于室内阳光充足处，并控制水量及水温。

日常养护

选择长势良好的盆栽紫凤梨做母本，先脱盆、去土，将根系冲洗干净后，用0.1%的高锰酸钾浸泡5～10分钟消毒，然后再用清水洗净。

将处理好的植株定植于瓶中水培，水的位置以没过植株根系的一半为宜，2～3天换水一次，注意修剪腐烂的根系，一般1个月后会长出水生根，之后可改为水和营养液混合培养。

紫凤梨平时要放在有充足散射光的地方，如果气温较高，还要每天向植株喷水或喷雾，以保持湿度，这样能使得叶面更加光亮。

栽培心得

水培紫凤梨具有极强的观赏价值，家庭栽培可常年放在室内光线明亮的南窗前养护，但开过花的部分不会再开花，夏季避免烈日暴晒，加强通风，冬季则应多见阳光。

季节	春	夏	秋	冬
光照	全日照	全日照	全日照	全日照
营养液	肥料 3～5天	肥料 2～3天	肥料 3～5天	肥料 10～15天

月季

Yue Ji

Message

别名： 长春花、月月红、斗雪红、瘦客

拉丁学名： Rosa chinensis Jacq.

科属： 蔷薇科蔷薇属

原产地： 中国

健康价值

月季花能吸收硫化氢、氟化氢、苯、苯酚等有害气体，同时对二氧化硫、二氧化氮等有较强的抵抗能力。花瓣能提取香料。根、叶、花均可入药，有活血调经、消肿解毒之功效。

生长习性

形态特征： 多年生直立灌木，小枝粗壮，圆柱形，近无毛，有短粗的钩状皮刺，小叶片宽卵形至卵状长圆形，边缘有锐锯齿。花型多样，有单瓣和重瓣，还有高心卷边等优美花型；其色彩丰富，不仅有红、粉黄、白等单色，还有混色、银边等品种。

生态习性： 水培月季性喜温暖、日照充足、空气流通的环境，耐寒，不耐旱，忌水涝。

日照： 喜光植物，放在阳光充足的地方有利植株生长。

温度： 生长适温15～25℃，气温超过30℃、低于8℃时，植株生长缓慢。

日常养护

水培月季可用水插法取材，可以选择盆栽的月季花，选用当年生长有5～8片叶的嫩枝，或者当年生无病虫害、生长发育健壮的枝条，剪取长度为10～12厘米，同一枝条以枝条的中下部为最好，因为这部分枝条营养充分、再生能力强，扦插容易生根。

插条的基部最好先浸入0.05%～0.1%的高锰酸钾中浸泡5～10分钟进行消毒处理，然后冲洗干净。

将消毒后的插条插入准备好的容器中水培，水的深度为枝条的1/3 左右。在避光的条件下，插条切口容易生根，所以平时应放置在阳光直射不到的地方。

温度较高时，每隔3天左右更换一次水，如果温度能保持在25～30℃时，一般15 天左右即可长出新的水生根。

栽培心得

水培月季养护非常容易上手，春季开花，但在花开季节需要多提供营养液，且有效控制室温。

季节	春	夏	秋	冬
光照	全日照	遮阴	全日照	全日照
营养液	肥料 隔3天	肥料 隔3天	肥料 隔3天	肥料 隔3天

龙翅海棠

Long Chi Hai Tang

Message

别名：珊瑚秋海棠

拉丁学名：Begonia ‘Dragon Wing’

科属：秋海棠科秋海棠属

原产地：南美洲

健康价值

花形艳丽、独特，有较高的观赏价值，性耐阴，极适合在高楼中庭栽植，作为室内外装饰。

生长习性

形态特征：茎细弱，匍匐下垂，全株光滑，多分枝。叶互生，斜椭圆状卵形，先端尖，缘波状。雌雄单性花着生于同一聚伞花序上，花单性，雄花大，雌花稍小，多呈鲜红色。

生态习性：喜温暖、湿润、阴性至中性环境，耐热性强，不耐低温。

日照：对光线不敏感，有明亮光线的半阴处或阳光直射的阳台都能生长良好，盛夏要适当遮阴，家庭室内栽培就能正常越夏过冬。

温度：生长适温18～25℃，冬季温度不低于5℃。但夏季温度达到35℃以上时，应采取遮阴、通风降温等措施，这样可以帮助水培龙翅海棠进入半休眠的状态平稳度过炎夏。冬季温度如果达到5℃以下，叶色由翠绿变为暗红色，如果达到0℃以下，短期低温时植株叶片会受冻霉烂脱落，所以应该注意保温。

日常养护

水培龙翅海棠的材料可采用水插法获得。剪取长度10～15厘米的植株，从最下节的节下约2毫米处剪断，上部留2～3片叶，去除花芽，基部斜剪。

用浓度0.1%的高锰酸钾溶液对剪下的插穗基部消毒10～15分钟，然后用清水冲洗，用定植篮将植株扦插于容器中。

在诱导水生根期间，应该每天换一次水，以保证容器内氧气含量，促进根系生长；期间对叶面也应该勤喷水，置于半阴处，给予适量的散射光照射。

当有水生根长出时，可改为营养液培养。

栽培心得

水培龙翅海棠枝叶繁茂，花期长，管理粗放，生长迅速，但日常养护需要掌握阳光、水分、营养等要素，注意防止根系腐烂、保持叶面清洁等细节。

季节	春	夏	秋	冬
光照	遮阴	遮阴	遮阴	全日照
营养液	隔 5 ~ 7天	隔 3 ~ 5天	隔 5 ~ 7天	不 添 加

袋鼠花

Dai Shu Hua

Message

别名：	金鱼花、河豚花、鼠尾花、亲嘴花
拉丁学名：	*Mina lobata*
科属：	苦苣苔科丝花苣苔属
原产地：	澳大利亚

健康价值

袋鼠花的花形奇特而有趣，且叶面椭圆富有光泽，可以终年开花，适宜作中小型盆栽或室内悬吊、走廊绿饰用，观赏效果极佳。

生长习性

形态特征：袋鼠花茎枝细长，圆柱形，叶宽卵形，稍有肉质感，二歧蝎尾状聚伞花序，花冠最初红色，逐渐变淡黄色至白色，短管状，具棱，略弯，形似口袋。

生态习性：袋鼠花是一种生长时间短的植物，种子4粒或较少，一般栽培3～5年就开始衰落。有的品种最佳长势只有一年。

日照：袋鼠花比较喜欢半阴的环境，室内培养可以放在有明亮散射光的地方，因为长期遮阴也会出现烂根现象。

温度：水培的袋鼠花比较适合生长的温度为15～28℃，越冬温度不低于5℃，防止冻伤。

日常养护

水培袋鼠花如果繁殖可以用种子或是植株洗根法，选择长势旺盛的植株清洗根部后，定植于容器内。

注意，水培器皿内加水不要过多，刚好到根茎部为宜。器皿可用广口玻璃瓶、玻璃杯及其他容器。

当水生根长齐后为了生长旺盛，可向水中滴上几滴营养液。营养液的浓度不要太高，高浓度的营养液不适宜袋鼠花生根初期的生长。

袋鼠花不喜欢强光，所以平时应摆放在有明亮散射光的地方，如果周围空气干燥，可每天向植株喷水1～2次。

栽培心得

水培袋鼠花也会受到病虫害的威胁，其主要为真菌性病害，在发病初期叶片卷曲变皱呈水渍状，随后会伴有黄褐色斑块出现，可以喷施药物及时防治。

季节	春	夏	秋	冬
光照	遮阴	遮阴	遮阴	全日照
营养液	肥料 隔5～7天	肥料 隔5～7天	肥料 隔7～10天	肥料 不添加

郁金香

Yu Jin Xiang

Message

别名： 草麝香、荷兰花、洋荷花

拉丁学名： Tulipa gesneriana

科属： 百合科郁金香属

原产地： 土耳其、地中海一带

健康价值

郁金香虽然花容端庄，外形典雅，颜色艳丽丰富，但它的花朵中含一种毒碱，人和动物在这种花丛中待上2～3小时，就会头晕脑胀。所以如果是成束的鲜花摆放家中，最好保持室内通风。

生长习性

形态特征： 多年生草本花卉，鳞茎卵球形，茎叶光滑具白粉。叶子呈长椭圆状披针形或卵状披针形，花单生茎顶，大型直立，杯状，基部常黑紫色。花色有白、粉红、洋红、紫、褐、黄、橙等，深浅不一，单色或复色。

生态习性： 性喜向阳、避风，冬季温暖湿润，夏季凉爽干燥的气候，耐寒性很强，在严寒地区如有厚雪覆盖，鳞茎就可在露地越冬，但怕酷暑，如果夏天来得早，盛夏又很炎热，则鳞茎休眠后难于度夏。

日照： 需要充足的光照，若光照不足，将造成植株生长不良，如叶色变浅、花期缩短等。

温度： 8℃以上就可以正常生长，冬季休眠期可耐-12℃左右的低温，有的品种可耐-35℃的低温。

日常养护

郁金香的品种较多，但不是所有的郁金香品种都可水培，所以在选择水培种球时一定要注意。

水培郁金香完全是利用鳞茎内贮存的营养物质生长开花，因此在选种时必须选择生长健壮、种球周径在12厘米以上的一级商品球，且要抗病力强、开花早和花色花型较好的品种，为此可选“荷兰小姐”、“西维拉”、“圣诞奇迹”、“唐诘珂德”等品种。

购回的种球，必须先将包在鳞茎盘外的褐色硬皮刮去，这样有利于种球生根。然后将种球进入水培的器皿中，水位以没过一半的种球为宜。在生根阶段由于水分消耗快，应该每隔3天左右换水一次。

水培时要求水体无污染、无任何混杂物，水培位置要背风向阳。水培时温度要控制在16℃左右，冬季栽培时要准备一台加温器，因郁金香水培时要消耗大量养分，故要补充一些磷、钾营养液。

季节	春	夏	秋	冬
光照	全日照	全日照	全日照	全日照
营养液	肥料 隔3天	肥料 隔3天	肥料 隔3天	肥料 不添加

水仙

Shui Xian

Message

别名： 凌波仙子、玉玲珑、金银台、天葱、天蒜

拉丁学名： Narcissus tazettaL. var. chinensis Roem.

科属： 石蒜科水仙属

原产地： 中国

健康价值

水仙花对于清洁家居环境有很不错的功能，放在污染最大的厨房，很快你就看到意想不到的景象，煮完饭之后，水仙花还可以吸油烟。种植水仙花，比起其他用土栽培的植物更加简单，更加干净。水仙的鳞茎可入药，主治清热解毒，散结消肿。

生长习性

形态特征： 叶由鳞茎顶端绿白色筒状鞘中抽出花茎，再由叶片中抽出。一般每个鳞茎可抽花茎1～2枝，多者8～11枝，伞状花序。花瓣多为6片，花瓣末端呈鹅黄色。花期春季。

生态习性： 喜欢温暖、湿润、光照充足的环境，能耐半阴，不耐寒。7～8月份落叶休眠，在休眠期鳞茎的生长点部分进行花芽分化，具秋冬生长、早春开花、夏季休眠的生理特性。

日照： 喜欢充足的光照，除了盛夏适当遮阴外，其他时间均可全日照。

温度： 生长适温10～20℃，短时能耐0℃的低温。

日常养护

水培水仙花的取材可以选择已经催芽的鳞茎，将鳞茎直接放在浅盆中，加入水量以浸入鳞茎的1/3为宜。

水培水仙花的开花日期可以人工决定。例如，要求它在春节期间开花，可在春节前20～30天将鳞茎植入清水盆中，入盆后它便开始生长至开花，到春节时正好可以赏花。

水培水仙要勤换水，开始时每天换1次，喷水1～2次，花苞形成后可每隔5～7天换水一次。

水培的环境温度不要超过25℃，否则植株会停止生长进入休眠状态，造成花苞黄瘪、萎干。

水仙花平时要摆放在有充足的光照的地方，否则叶片会徒长。

栽培心得

冬季水培水仙迎来了开花季，所以温度、光照、给水是水仙开花的三要素，可以适当加些温水催花，水温以接近体温为宜，一般花期可保持10天。

季节	春	夏	秋	冬
光照	全日照	遮阴	全日照	全日照
营养液	肥料 隔5～7天	肥料 不添加	肥料 不添加	肥料 隔5～7天

长寿花

Chang Shou Hua

Message

别名： 燕子海棠、红落地生根、圣诞伽蓝菜、寿星花

拉丁学名： Narcissus jonquilla L.

科属： 景天科伽蓝菜属

原产地： 东非马达加斯加岛

健康价值

长寿花在白天气孔关闭，到了晚上气孔张开释放氧气，同时吸收二氧化碳，所以，长寿花有很好的净化空气的作用，尤其是在夜间，可以净化封闭的室内空气。

生长习性

形态特征： 长寿花为多年生常绿肉质草本，植株矮小，具膜质有皮鳞茎。叶基生，深绿色，肉质有光泽，线形或圆筒形，与花茎同时抽出，株型紧凑，花朵繁密。

生态习性： 喜温暖稍湿润的环境，不耐寒，冬季温度不能低于12℃，若低于5℃，叶片变得发红，花期推迟或不能正常开花。冬春开花期温度若能保持在15℃左右会开花不断，气温太高则会抑制开花。

日照： 为短日照植物，对光照要求不严，全日照、半日照和散射光照条件下都能良好生长。

温度： 生长适温为15～25℃，夏季高温超过30℃，则生长受阻。

日常养护

水培长寿花的材料可以用洗根法获得，就是选取盆栽的长寿花，脱盆、去土，将根系洗干净并适当修剪后，将植株固定在玻璃器皿内水培催根，加的水量以没过植株根系的1/2为宜。

与一般的花可加入少量多菌灵杀菌不同，水培长寿花不适宜添加杀菌剂，否则会抑制其生长。如果发现有烂根现象，要及时修剪处理，换水要勤。

当水生根长到2厘米长的时候，就可以添加营养液培养。水培长寿花的营养液可以选择市场上出售的观花营养液，也可以用花肥水溶液作为营养液。

日常护养时，春季气温回升，所以水培植株适合添加营养液，以促进长寿花的生长。夏季因为阳光强烈、气温高，所以在中午前后宜适当遮阳，可移放至室内，否则光照太强，易使叶色发黄。长寿花是短日照植物，秋季的短日照可以促使长寿提早进入花期。越冬期间的管理主要是防止冻害的发生，白天尽量多接触日照，以防冻害。

季节	春	夏	秋	冬
光照	全日照	遮阴	全日照	全日照
营养液	肥料 隔3～5天	肥料 隔3～5天	肥料 隔5～7天	肥料 隔7～10天

鸭跖草

Ya Zhi Cao

Message

别名： 鸡舌草、竹叶草、鸦雀草、鸭仔草

拉丁学名： Commelina communis

科属： 鸭跖草科鸭跖草属

原产地： 北欧、北美、东亚等地区

健康价值

鸭跖草是优良的室内植物，可置于窗台几架或室外荫蔽处。鸭跖草可有效清除室内有害气体，释放氧气，是净化室内空气的优良植物。

生长习性

形态特征： 鸭跖草的叶呈披针形至卵状披针形，叶序为互生，花朵为聚花序，顶生或腋生，花色一般为花瓣上面两瓣蓝色，下面一瓣白色，花苞为绿色佛焰苞状。

生态习性： 鸭跖草在全光照或半阴环境下都能生长，但不能过阴，否则叶色减退为浅粉绿色，易徒长。喜欢温暖、湿润的环境，喜弱光，忌阳光暴晒。

日照： 喜半阴，但需适当光照，否则植株容易徒长影响观赏价值。夏季忌阳光直射，需遮阴。

温度： 水培鸭跖草比较适宜生长的温度为15～30℃，冬季越冬温度不低于5℃，以10℃为宜。

日常养护

水培鸭跖草的来源可从盆栽的鸭跖草上剪取数枝健壮的枝条，除去基部2～3节叶片直接插入清水中养护。每隔2～3天换一次清水，5天后就能长出白色细长的水生根。

半月后新叶长出，并出现较强的长势，此时置于散射光充足的地方，添加观叶植物营养液进行养护，春秋季每隔10～15天跟换一次营养液，夏季每隔7～10天更换一次，冬季每隔20～30天更换一次。

鸭跖草性喜温暖、湿润及阳光充足的环境，但在夏季忌强烈阳光直射。植株也不耐寒，适宜的生长温度为15～25℃，越冬温度不得低于5℃。

栽培心得

鸭跖草的药用部位为干燥地上部分，夏、秋二季采收，晒干。具有清热解毒、利水消肿的功效，用于风热感冒、高热不退、咽喉肿痛、水肿尿少、热淋涩痛、痈肿疔毒。

季节	春	夏	秋	冬
光照	全日照	遮阴	全日照	全日照
营养液	肥料 隔10～15天	肥料 隔7～10天	肥料 隔10～15天	肥料 隔20～30天

虎刺梅

Hu Ci Mei

Message

别名：铁海棠、麒麟刺、麒麟花

拉丁学名：Euphorbia milii

科属：大戟科大戟属

原产地：非洲马达加斯加岛

健康价值

四季开花的虎刺梅，株型精美，可以全株入药用于外敷，可治疗瘀痛、骨折及恶疮等。

生长习性

形态特征：茎分枝上有灰色粗刺，开的花小，成对生成小簇，外侧有两枚淡红色苞片。

生态习性：水培虎刺梅喜欢温暖、阳光充足的环境。怕高温闷热，喜湿润，不耐寒。

日照：室内养护时，要放在向阳的门窗附近，以便能接受充足光照。

温度：最适生长温度为15～32℃，在夏季气温33℃以上或冬季温度较低时，进入休眠状态，如果环境温度接近0℃时，会因冻伤而死亡。

日常养护

水培虎刺梅，选择直径10厘米以下的一个容器，同时，选取相应尺寸的健壮盆栽植株。

将盆栽植株先脱盆、去土，之后将根系清洗干净，将0.5～1厘米的根系直接浸入清水中，否则叶片会长得薄、黄，新枝条或叶柄纤细、节间伸长，处于徒长状态。

以水代土，其水质要清洁，无污染，不沉淀，最好不要直接使用自来水。同时，水培一段时间后，水中的氧气不断被消耗，根系会产生黏液，所以要定期更换水及添加营养液。如春秋季节花卉生长期每隔7～10天换水一次，夏季则缩短为4～6天更换1次，冬季需要延长换水时间，15～20天一次。

同时，在养护时，需要加强室内空气对流，以使植株体内的温度能散发出去。夏季可将水培盆栽放在半阴处，或遮阴50%。适当喷雾，每天2～3次。

在冬季，将虎刺梅定期搬到室内光线明亮的地方养护，这样既可以起到保暖的作用，又可以促进叶面枝干的生长。

栽培心得

虎刺梅进入花期时，一定保证光照、温度、水分的需求。

季节	春	夏	秋	冬
光照	全日照	遮阴	全日照	全日照
营养液	肥料 隔7 ~ 10天	肥料 隔4 ~ 6天	肥料 隔7 ~ 10天	肥料 15 ~ 20天

无土养
Wutu Yangchu

Part 03

无土养出健康观叶植物

Wutu Yangchu Jiankang Guanye Zhiwu

袖珍椰子

Xiu Zhen Ye Zi

Message

别名： 矮生椰子、矮棕、袖珍棕

拉丁学名： Chamaedorea Elegans

科属： 棕榈科袖珍椰子属

原产地： 墨西哥、危地马拉

健康价值

袖珍椰子能净化空气中的苯、三氯乙烯和甲醛，是植物中的“高效空气净化器”，很适合摆放在新装修的室内或者办公室。

生长习性

形态特征： 常绿矮小灌木，茎干细长直立，不分枝，深绿色，上有不规则环纹。叶片由茎顶部生出，羽状复叶，全裂，裂片宽披针形，镰刀状，深绿色，有光泽。

生态习性： 喜温暖、潮湿、通风、半阴的环境，稍耐寒，忌高温强光，夏季注意通风。

日照： 水培袖珍椰子喜欢半阴的环境，忌强光直射。

温度： 生长适温20～32℃，13℃进入休眠，越冬温度不低于10℃。

日常养护

将盆栽的袖珍椰子脱盆、去土，洗净根系，用剪刀剪去病根老根，用定植篮固定在玻璃容器内，根系浸入清水中大约2/3，加入少量多菌灵防腐消毒，每隔2～3天要换水洗根，诱导水生根系长出。

当水生根长到3厘米左右的时候，就可以定植在水培容器中添加营养液栽培。春秋季节每周换水一次，冬季10天左右换水一次，夏季3天左右换水一次，换水的同时添加适量营养液。

袖珍椰子平时应该摆放在室内有散射光的位置，忌强光直射。

袖珍椰子喜欢潮湿的环境，如果温度较高，可经常向叶片喷雾，能促进植株的生长，并使得叶面变得深绿且有光泽。

在夏秋季应避免阳光直射，空气干燥时，要经常向植株喷水，以提高环境的空气湿度，这样有利其生长，还可保持叶面深绿且有光泽。冬季要注意保暖，以防温度过低引起烂根、黄叶、坏死等症状。

水培袖珍椰子用水要求无污染、微酸性，若用自来水，则需提前接好，在空气中放置一天以上以充分溶解氧和放出氯气。更换营养液时应洗净根部的黏液并剪除烂根。

季节	春	夏	秋	冬
光照	遮阴	遮阴	遮阴	全日照
营养液	肥料 7天	肥料 3天	肥料 7天	肥料 10天

广东万年青

Guang Dong Wan Nian Qing

Message

别名：大叶万年青、井干草

拉丁学名：Aglaonema modestum

科属：天南星科广东万年青属

原产地：中国广东

健康价值

广州万年青能去除尼古丁、甲醛等有害物质，空气中污染物的浓度越高，它越能发挥其净化能力。

生长习性

形态特征：叶片卵形或卵状披针形，深绿色，花序柄纤细，长圆披针形，基部下延较长，先端长渐尖，肉穗花序长为佛焰苞的2/3，圆柱形。

生态习性：喜温暖、湿润的环境，耐阴，不耐寒，喜微酸的环境。

日照：喜欢半阴的环境，忌阳光直射。

温度：生长适温20～30℃，冬季温度不低于12℃。

日常养护

广州万年青的水培母本可以通过洗根法和水插法来取得。洗根法是先选择长势健壮、土壤栽培已成形具观赏价值的植株，脱盆去土，用清水将根部洗净，剪掉病根、老根，为防止水培初期根系腐烂，促进新根生成，可用0.5%的高锰酸钾浸泡10分钟，然后用水洗净。把处理好的广东万年青植株放入准备好的容器中，注入没过2/3～1/2根系的自来水，培养新根。

水插法是从长势健壮的植株上选取直径约为1厘米的枝干，将其截成10厘米长的小段，保留茎节上的气生根，剪口用0.5%的高锰酸钾溶液消毒，晾干伤口流出的汁液后，插入素沙或水中，在25℃左右保持较高空气湿度，20天插条基部即可生根发芽形成一株适宜水培的植株材料。水插法刚开始时要勤换水，以保持水质的清洁和满足插穗对氧气的需求，换水时要将插穗与器皿洗净，待生根后即可转入正常水培。

在平时养护中要注意更换营养液的时间间隔视季节而不同：春秋季万年青生长比较旺盛，需要消耗较多的氧气，但水中的含氧量也较多，因此7～10天换一次营养液；冬季植株生长处于休眠或十分缓慢的状态，消耗的氧气少，一般15天左右换一次营养液；夏季高温时，广东万年青呼吸作用强烈，需消耗大量的氧气而同时水中的含氧量却很少，加上高温时微生物的繁殖十分迅速，容易使水质变劣，为了保证广东万年青的正常生长，必须经常换水，一般4～5天即需换营养液一次。

季节	春	夏	秋	冬
光照	遮阴	遮阴	遮阴	全日照
营养液	肥料 7 ~ 10天	肥料 4 ~ 5天	肥料 4 ~ 5天	肥料 15天

花叶万年青

Hua Ye Wan Nian Qing

Message

别名： 黛粉叶

拉丁学名： *Dieffenbachia picta Lodd.*

科属： 天南星科花叶万年青属

原产地： 南美

健康价值

花叶万年青可以去除尼古丁、甲醛等有害物质，能吸收室内毒气废气，释放氧气，起到净化空气的作用。

生长习性

形态特征： 多年生常绿草本，春、夏从叶丛中生出花葶。

生态习性： 性喜半阴、温暖、湿润、通风良好的环境，不耐寒；忌阳光直射、忌积水。

日照： 花叶万年青喜欢半阴，忌强光，光照过强，叶面会变得粗糙，叶缘和叶尖易枯焦。但也不能光线长期过暗，这样叶面上会出现黄白色的斑块或叶面出现褪色，日照40%～60%最为理想，明亮的散射光下叶色会更加鲜亮健康。

温度： 生长适温20～30℃，越冬温度最好保持在12℃以上，气温低于5℃易受冻害。

日常养护

水培花叶万年青的母本也可以用水插法或洗根法取得，水插法就是从盆栽的花叶万年青植株上面剪取分枝水插，一般10天左右可萌发出新根。

洗根水栽法就是把土植的花叶万年青进行根部清洗后，再进行水培养殖。

万年青喜较高的湿度，忌干燥，生长期间应该经常向茎叶喷水。平时应该放在有明亮有散射光的地方，叶色会变得鲜明美观。

平时养护要每隔7～15天更换一次营养液，营养液的浓度可根据花叶万年青植株的生长期和气温的高低来调节，如果是夏季温度较高时，浓度一定要低，甚至用清水培养，以防止营养液浓度太高导致植株烂根。

栽培心得

花叶万年青的花叶内含有草酸和天门冬素，一旦汁液触及皮肤会引发瘙痒症状。其果实毒性更大，误食后会引起口腔、咽喉肿痛，甚至伤害声带，故被人称为“哑巴草”，在水培养护和繁殖时都应该特别注意防止儿童触摸，以免发生意外。

季节	春	夏	秋	冬
光照	遮阴	遮阴	遮阴	全日照
营养液	肥料 隔7 ~ 15天	肥料 隔5 ~ 7天	肥料 隔7 ~ 15天	肥料 隔7 ~ 15天

富贵竹

Fu Gui Zhu

Message

别名： 转运竹、富贵塔、万寿竹、塔竹、绿叶龙血树

拉丁学名： Dracaena sanderiana

科属： 百合科龙血树属

原产地： 非洲

健康价值

富贵竹冬夏长青，茎叶纤秀，精美的小型盆栽可以改善室内空气质量，有效吸收废气，具有消毒功效，用于布置居室、书房、客厅等处，可置于案头、茶几，富贵典雅，有很好的观赏效果。

生长习性

形态特征： 常绿直立灌木，叶片翠绿，茎秆笔直，圆形似竹。叶卵形，先端尖，叶柄基部抱茎。

生态习性： 富贵竹喜欢阴湿高温，耐阴、耐涝，耐肥力强，抗寒力强；喜半阴的环境。

日照： 富贵竹是一种极耐阴的植物，在弱光照的条件下，仍然生长良好，挺拔强壮。

温度： 生长适温20～28℃，冬季温度不低于10℃。

日常养护

水培富贵竹的来源可采用水插法，将富贵竹的枝条去掉基部叶片，用剪刀将基部切成斜口，刀口要平滑，以增加对水分和养分的吸收。在未长出水生根之前，要勤换水，一般3～4天要彻底换一次。

富贵竹的水生根长出后不宜彻底换水，水分蒸发后可及时加水。因为常换水易导致枝叶枯黄。如果是用自来水，最好提前晾晒一天，使其内部氯气完全释放。给水中添加营养液的时候浓度一定要低，夏季高温时节可用清水养护，否则会出现烂根的现象。

当水培一段时间后，富贵竹的茎秆会越长越高，如果感觉株型不美，可把下部根系连同基部一段的茎秆剪掉，将上部的枝条重新插入水中，过一段时间就会萌发出新根继续生长。

摆放富贵竹的时候尽量远离电视机、空调等大功率的电器，因为这些电器在工作的时候会散发较高的温度，忽冷忽热易导致植株的叶色干枯发黄。

栽培心得

水培富贵竹喜欢腐水，常换水易造成叶黄枝枯，可以加一些营养液，以增加叶片的翠绿。

季节	春	夏	秋	冬
光照	遮阴	遮阴	遮阴	全日照
营养液	肥料 10~15天	肥料 5~7天	肥料 10~15天	肥料 10~15天

龟背竹

Gui Bei Zhu

Message

别名：蓬莱蕉、铁丝兰、团龙竹、龟背芋、电线莲

拉丁学名：Monstera deliciosa

科属：天南星科龟背竹属

原产地：墨西哥

健康价值

龟背竹能清除空气中的甲醛，夜间能吸收二氧化碳，对改善室内空气质量、提高含氧量有很大帮助。

生长习性

形态特征：龟背竹为常绿攀援性藤本植物，叶孔裂似龟背，有粗壮的肉质根，茎秆粗壮，外皮坚硬而光滑，表面具蜡质。节间短，节外有大量肉质气生根，就好像电线一般，所以也叫电线莲。

生态习性：喜凉爽、湿润、散射光充足的环境，耐阴，不耐寒，怕干旱，要求较高空气湿度，如果空气过于干燥，叶面会失去光泽，叶缘焦枯。

日照：龟背竹喜欢半阴的环境，忌强光暴晒，春夏秋季应遮阴50%，因为强光照射会影响龟背竹的生长。

温度：龟背竹生长适宜温度15～25℃，冬季室温不低于10℃，气温5℃以下易受冻害。

日常养护

选择健康的龟背竹植株，脱盆去土，将根部清洗干净，插入玻璃容器内。注意容器内盛水不可过满，植株根部2/3浸入水中即可。

在水生根长出之前每隔5～7天要换水一次，直至其根部长出足量新根，说明“驯化”成功，此时可定植到水培容器中添加营养液培育。

水培龟背竹时，一般每隔7～10天换水一次，换水的同时添加营养液，同时要对根系进行适当修剪，剪去老根病根，对容器上的绿苔也要清洗干净。

龟背竹喜湿润，忌强光，水培龟背竹和土养龟背竹的区别，是水培叶面生长更加快速。生长期间需要充足的水分，将龟背竹放入通风阴凉的地方，由于叶片较大，水分流失也快，所以天气干燥时还须向叶面喷水。夏季也需要适度遮阴，并擦拭叶面上的灰尘，以利枝叶生长，叶色鲜艳，保持光泽。

冬季尽量放在有阳光的位置，注意保温，以防叶面冻伤。

季节	春	夏	秋	冬
光照	遮阴	遮阴	遮阴	全日照
营养液	肥料 隔5 ~ 7天	肥料 隔3 ~ 5天	肥料 隔7 ~ 10天	肥料 隔7 ~ 10天

滴水观音

Di Shui Guan Yin

Message

别名：海芋、姑婆芋、滴水莲、广东狼毒

拉丁学名：Alocasia macrorrhizos

科属：天南星科海芋属

原产地：中国南方等亚热带地区

健康价值

滴水观音可以维持二氧化碳与氧气的平衡，改善小气候，减弱噪音，涵养水源，调节湿度；除此之外，还有吸收粉尘、净化空气等功能，应用滴水观音进行园林绿化，能起到植物造景和保护生态环境的完美结合。

生长习性

形态特征：大型常绿草本植物，具匍匐根茎，有直立的地上茎，随植株的年龄和人类活动干扰的程度不同，茎高有不到10厘米的，也有高达3～5米的。叶多数，叶柄绿色或污紫色，螺状排列，粗厚，叶片亚革质，草绿色，箭状卵形，边缘波状。

生态习性：滴水观音生长速度较快，喜高温、潮湿，耐阴，不宜强风吹，忌强光。

日照：喜半阴环境，盛夏时节要避开强光直接照射，以散射光为宜。

温度：生长温度为20～30℃，最低可耐8℃低温。夏季高温时要向植株喷雾，降温。

日常养护

滴水观音的水培母本可以选择盆栽的成形植株，先脱盆、去土，用水冲洗干净，剪掉老根、病根，将根系浸在水中，可加少量多菌灵水溶液防腐消毒，每隔2～3天换水一次，一般15天左右会长出新根，此后即可正常添加营养液水培。

在日常管理时，水培滴水观音每隔10～15天换一次营养液，可到市场选购观叶植物营养液。

水培滴水观音很容易出现烂根现象，因为滴水观音茎秆组织比较疏松，如水质差易受污染而引起烂根和茎秆腐烂，所以，要保持容器中的水质洁净，应每隔20～30天清洗根部一次，一旦发现烂根，要及时剪掉。

滴水观音喜欢充足的散射光，太暗容易引起植株徒长，可摆放在光线明亮的地方，但要避免阳光直接照射。

滴水观音的汁液能分泌出有毒成分草酸钙和皂毒甙，皮肤接触汁液后会引起瘙痒，误食容易中毒，所以在平时修剪或换水后一定要洗手。

季节	春	夏	秋	冬
光照	全日照	遮阴	全日照	全日照
营养液	肥料 隔10～15天	肥料 隔3～5天	肥料 隔10～15天	肥料 隔15～20天

绿萝

Lv Luo

Message

别名： 黄金葛、魔鬼藤、石柑子

拉丁学名： Scindapsus aureus

科属： 天南星科绿萝属

原产地： 中美、南美的热带雨林地区

健康价值

绿萝能吸收空气中的苯、三氯乙烯、甲醛等，因此非常适合摆放在新装修好的居室中。绿萝也可以分解吸收由复印机、打印机排放出的苯，也很适合在办公场所摆放。

生长习性

形态特征： 多年生大型攀援藤本植物，茎干纤细，肉质，分枝较多，叶互生，椭圆形，嫩绿色富有光泽。

生态习性： 绿萝属阴性植物，忌阳光直射，喜温暖、湿润和散射光充足的环境，不耐寒。

日照： 喜欢半阴的环境，可常年放在光线明亮的室内，但要避免阳光直射。因为太阳光过强会灼伤绿萝的叶片，但过阴又会使叶面上美丽的斑纹消失，通常每日接受4小时的散射光，就可以让绿萝生长发育良好。

温度： 生长适宜温度15～25℃，冬季温度低于10℃叶子会变得卷曲，严重时会腐烂。

日常养护

水培绿萝的取材多用水插法，选择长势良好的盆栽绿萝，剪取一段带有气生根的茎干放入清水中，每隔2～3天换一次与室温相同的水，10～15天能长出新的水生根须，此时可以装瓶定植。等到新的叶片长出后，可以每隔10天左右更换一次营养液。

另外也可选取健壮的盆栽植株，将根系上的泥土冲洗干净，再剪去病根老根，将1/3～2/3的根须放入清水中浸泡。

水培绿萝长势较快，比土培绿萝的叶片气孔大且数目多，而且水分需求量大，为了让营养能够充分吸收，需要经常修剪清洗根系。

如果有根系发生腐烂发黏现象也要及时清洗，剪去烂根，并用高锰酸钾溶液浸泡消毒后再恢复养护。

恢复养护的前几天跟水培初始时一样，2～3天换一次水。

平时养护时，水培绿萝应该放置在有足够散射光的地方，剪去徒长、干枯的茎叶，保持疏密有序的株型。

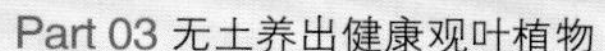

季节	春	夏	秋	冬
光照	全日照	遮阴	全日照	全日照
营养液	肥料 隔2～3天	肥料 隔2～3天	肥料 隔10天	肥料 隔10天

墨兰

Mo Lan

Message

别名：报岁兰、入岁兰

拉丁学名：Cymbidium sinense (Jackson ex Andr.) Willd.

科属：兰科兰属

原产地：中国

健康价值

墨兰能够净化居室中的空气，它可以吸收空气中的一些污染物，比如一氧化碳、甲醛等，不过值得注意的是，兰花的香气浓郁，所以在开放的时候尽量不要摆放在卧室内，否则容易导致失眠。

生长习性

形态特征：墨兰深绿色的剑形丛生叶从圆形的假鳞茎上长出，根粗壮而长，花葶直立，花瓣短宽，唇瓣三裂不明显，先端下垂反卷，花期在9月至翌年3月。

生态习性：墨兰喜欢半阴、温暖、湿润的环境，不喜强光，不耐寒，不耐旱，较喜肥。

日照：喜半阴，不喜强光，高温季节要适当遮阴。

温度：生长适温20～28℃，越冬温度不低于3℃。

日常养护

墨兰株型细长、飘逸，水培的母株适合用洗根法取得，也就是先找盆栽的长势旺盛、没有病虫害的墨兰，首先脱盆、去土，然后用常温的清水将根部清洗干净。

水培时一定要清洗干净根部，这样能够减少病害以及提高水生根的发育，可以将墨兰的根须放到0.5%的高锰酸钾水溶液或者多菌灵1000倍液中浸泡10分钟左右，浸泡后再用清水冲洗干净，然后用蛭石或者定植篮固定在栽培容器中，加入清水到没过根系的2/3处。

在培养水生根长出之前，可以将植株摆放在阴暗处，并用黑布或者不透明的纸张将栽培容器裹住，这样有利于水生根的快速发育。

当墨兰的白色水生根长到3～5厘米的时候，可以添加营养液培养，营养液可以从市场上专门购买兰花水培营养液，也可以用兰花的化肥配兑。

一般来说，水培植株使用的营养液的浓度不需要太高，特别是在盛夏以及温度较低的时候。

墨兰易发生墨斑病和霉菌病危害，除加强通风、控制空气湿度外，一旦发病可以用65%代森锌可湿性粉剂600倍液喷洒，以进行防治。

季节	春	夏	秋	冬
光照	遮阴	遮阴	遮阴	全日照
营养液	肥料 隔10～15天	肥料 隔5天	肥料 隔7～10天	肥料 隔10～15天

吊兰

Diao Lan

Message

别名： 钓兰、挂兰、兰草、纸鹤兰

拉丁学名： Chlorophytum capense（L.）Kuntze

原产地： 南非

科属： 百合科吊兰属

健康价值

水培吊兰株型美观，清新鲜绿，容易栽培。吊兰可以在微弱的光线下进行光合作用，吸收室内的甲醛、一氧化碳、尼古丁等有害气体，有效减低室内的空气污染物质，所以有“绿色净化器”的美称。

生长习性

形态特征： 吊兰为多年生常绿草本植物，具簇生的圆柱形肉质须根和短根状茎。叶基生，狭长柔软条形，顶端渐尖，基部抱茎，着生于短茎上。

生态习性： 喜温暖、湿润、充分光照或半阴的环境，肉质根贮水组织发达，耐旱，夏季忌强光直射。它适应性强且很容易繁殖。

日照： 水培吊兰喜欢明亮的散射光，如长期放在阴暗的地方，植株会显得暗淡无光，枝茎细弱。所以需要每隔一段时间将吊兰放置在有直射光的地方，让其接受阳光照射后再放回原处，这样对叶片叶色有很好的保护作用，同时能提高吊兰的长势。

温度： 吊兰的生长适温为20～24℃，冬季室内温度如果保持15℃以上，吊兰可继续生长。

日常养护

水培吊兰最好选择植株走茎上生出的气生根进行水插，因为此类气生根很适宜水培环境，也容易管理。吊兰一般5天左右就可以萌发出白嫩的水生根系。

除了水插法外，还可用洗根法水培吊兰，采用洗根法时原有的土培肉质根容易腐烂，所以在水生根长出之前必须每天换水，并清洗根系，及时剪掉烂根。

一般在25～30天水培吊兰的根茎部位能够长出新的水生根，老根也逐渐适应水培环境不再腐烂，此时可以添加营养液进行栽培。

吊兰的品种较多，水培时宜选择绿叶的品种，银线吊兰培育难度较大。

水培吊兰有时候会出现叶子变黄的情况，多是因为水培的营养液中缺少了镁、铁元素，导致叶绿素的合成受阻所致，可购买含有铁和镁的花肥，适量加入其中，很快就会转好。

季节	春	夏	秋	冬
光照	全日照	遮阴	全日照	全日照
营养液	肥料 隔5～7天	肥料 隔3～5天	肥料 隔5～7天	肥料 隔7～10天

吊竹梅

Diao Zhu Mei

Message

别名：红莲、吊竹兰、吊竹草、斑叶鸭跖草

拉丁学名：*Zebrina pendula*

科属：鸭跖草科吊竹梅属

原产地：墨西哥

健康价值

吊竹梅叶色紫、绿、银色相间，具有较高的观赏价值，另外生长速度快，叶子繁盛，对提高室内空气的清新度有很大帮助。

生长习性

形态特征：多年生常绿草本植物，茎柔弱质脆，匍匐地面呈蔓性生长。叶形似竹、叶片美丽，常以盆栽悬挂室内，所以得名“吊竹梅”。

生态习性：喜温暖湿润气候，较耐阴，不耐寒，耐水湿，不耐旱，盆栽时对土壤pH值要求不严。

日照：喜半阴，应在有充足散射光的环境中养护，忌强光直射。

温度：水培吊竹梅日常生长适宜温度为18～30℃，越冬温度应保持在13℃以上。冬季应将吊竹梅移到朝南的窗台上，使其多见阳光。

日常养护

水培吊竹梅的原料可以选择盆栽成形的健康吊竹梅，先脱盆、去土，将根须清洗干净，然后剪掉病根、烂根，此过程中注意不要弄伤叶面和根须。

根须处理好后，将吊竹梅的根部插入瓶中，瓶口处用玻璃球或石子等材料固定。注意保证吊竹梅植株能够直立在玻璃容器中，加入清水到植株根须的1/3～2/3处，并滴入少量多菌灵水溶液用来消毒杀菌。

装入容器后，把吊竹梅置于室内的阴凉处，室温保持在18～25℃，每隔2～3天换水一次，一般15～20天能长出新的根须，当根须长到3厘米长的时候就可以换成营养液栽培。

水培吊竹梅生长快，每7天左右加水和更换营养液，更换的营养液可以是市面上常见的水培营养液也可以是吊竹梅专用营养液，平时要注意清洗吊竹梅的根部和栽培容器。

春秋季节宜将吊竹梅放在室内靠近南窗附近的地方培养，夏季则宜放在室内通风良好具有明亮的散射光处。如长期光照不足，茎叶易徒长，节间变长，开花少或不开花。越冬期间植株处于休眠状态，需水量少，可改用清水培养，不用添加营养液。

季节	春	夏	秋	冬
光照	遮阴	遮阴	遮阴	全日照
营养液	肥料 7天	肥料 隔 2～3	肥料 7天	肥料 不添加

彩叶草

Message

别名： 洋紫苏、老来少、五色草、锦紫苏

拉丁学名： *Coleus scutellarioides*

科属： 唇形科鞘蕊花属

原产地： 印度尼西亚

健康价值

彩叶草的叶面色彩丰富，常用于会场、花坛、剧院、阳台的布置，它可以让空气清新，环境清洁，同时，也可作为花篮、花束的配叶。

生长习性

形态特征： 单叶对生，卵圆形，先端长渐尖，缘具钝齿牙，叶可长15厘米，叶面绿色，有淡黄、桃红、朱红、紫等色彩鲜艳的斑纹。顶生总状花序、花小、浅蓝色或浅紫色。

生态习性： 性喜温暖，不耐寒，越冬气温不宜低于5℃，喜阳光充足的环境，也能耐半阴，忌烈日暴晒。

日照： 彩叶草喜充足阳光，光线充足能使叶色鲜艳，夏季高温时要注意遮阴，因为高温强光会导致叶面的色素遭到破坏，叶绿素增加，从而导致植株色彩不鲜明，叶色偏绿，影响美观。但也不宜长时间放置于阴暗处生长，这样容易导致植株叶面颜色变浅，叶大而薄，生长细弱。

温度： 生长适宜温度15～25℃，越冬温度应保持在10℃以上。所以在寒露后需要移入室内向阳的位置，或是室内温暖的地方。

日常养护

水培彩叶草首先准备一个广口瓶或适合水培的器皿，注入清水备用，容器需要干净且水质清洁。

从健康、茁壮的盆栽彩叶草植株上截取一段有5～8片叶子的茎干，插入准备好的器皿水中后，温度保持在15～28℃，一般10～15天就可以萌生根系，再植入精致的花瓶用营养液培育即可。

彩叶草的叶片艳丽，但水培时要注意营养液的浓度要低，否则容易使叶片变为绿色。

为保持水培彩叶草的叶片鲜艳，平时养护的时候应将其摆放在光照明亮的地方。光照不足，叶色会变得暗淡，失去光泽。同时，还需要经常喷水，防止叶面的彩色褪色。

彩叶草主要是观叶，可用摘心法控制高度，促使分枝，不使其产生花序，以保持株型的美观。

季节	春	夏	秋	冬
光照	全日照	遮阴	全日照	全日照
营养液	肥料 隔5～7天	肥料 隔3～5天	肥料 隔5～7天	肥料 隔7～10天

巴西木

Ba Xi Mu

Message

别名：香龙血树、巴西铁树、金边香龙血树

拉丁学名：Dracaena fragrans cv. Victoria

科属：百合科龙血树属

原产地：美洲的加那利群岛和非洲几内亚等地

健康价值

巴西木能够吸收二甲苯、甲苯、三氯乙烯、苯和甲醛等有害气体。家庭栽培巴西木时要注意，如果植物株型过大，最好不要放在卧室内，因为晚上植物会和人一样，吸收氧气释放二氧化碳。

生长习性

形态特征：多年生木本观叶植物，灌木状，茎不分枝或稍分枝，有疏的环状叶痕，灰色。叶簇生于茎顶，长椭圆形披针形，无叶柄。

生态习性：喜欢温暖、潮湿及光照充足和通风的环境，能耐半阴，不耐寒，稍耐旱，忌水涝和强光。

日照：喜欢充足的散射光，能耐半阴，夏季忌强光直射。

温度：水培巴西木生长适温为20～28℃，冬季休眠温度为13℃，越冬温度不低于5℃。

日常养护

将大型柱状巴西木多年生的茎干锯成10～20厘米长的茎段或者将茎干上生长的带叶分枝剪下为母本。

之后将茎干的1/3插入水中，每隔3～5天换水一次，水中加少量多菌灵水溶液防腐消毒。温度控制在20～30℃，一般20～30天即可长出新的根须，此时可以定植装瓶改用营养液水培。

装瓶时，要先将巴西木的根须用清水洗净，无定植篮的应该选择开口大而浅的容器，用鹅卵石将植株固定，加入营养液和水的混合物；有定植篮的将定植篮套在水培容器上，加入营养液至离定植篮底2～3厘米处。

水培巴西木平时应该摆放在室内光线明亮处养护，营养液的更换要视水的浑浊程度而定，如果颜色浑浊就要及时更换。

夏季培育巴西木温度应该保持在30℃以下，冬季应该保持在15℃以上，因为这样更有利于植株的生长，经常向植株喷水喷雾，以保持潮湿的环境。

栽培心得

水培巴西木生长株型大，可以在每次更换水的时候加入营养液，防止株型变形。

季节	春	夏	秋	冬
光照	全日照	遮阴	全日照	全日照
营养液	肥料 隔3～5天	肥料 隔3～5天	肥料 隔3～5天	肥料 不 添 加

澳洲杉

Ao Zhou Shan

Message

别名： 细叶南洋杉、异叶南洋杉

拉丁学名： Araucaria heterophyll

科属： 南洋杉科南洋杉属

原产地： 大洋洲

健康价值

澳洲杉四季常绿，株型美观，是世界上著名的观赏树木之一，也是家中的绿化高手。其具有吸收甲醛、二氧化碳从而净化空气的作用，也可以调节空气湿度。

生长习性

形态特征： 常绿乔木，尖塔形树冠，外表呈深绿色，茎干直立，侧枝轮生，水平伸展。球果近圆形。

生态习性： 澳洲杉喜欢温暖、潮湿的环境，稍耐阴，但在阳光充足的地方生长良好，夏季要避强光暴晒，不耐寒冷和干旱。

日照： 喜充足的散射光，宜置于室内光线明亮处。

温度： 澳洲杉生长适温为10～25℃，越冬温度为5℃以上，入冬时，应将水培植株移入室内保暖，这样可以安全越冬。

日常养护

澳洲杉水培母株来源可以选择盆栽的小型株，首先将土培澳洲杉脱盆去土后，将根部清洗干净，为了减少病害，可以在0.5%的高锰酸钾水溶液中浸泡10分钟左右，然后冲洗干净，用定植篮定植在栽培容器中。

由于澳洲杉株型较大，所以选择栽培容器的时候注意要与株型搭配协调，这样不但有利于植株的生长，也能提高观赏效果。

在培养水生根长出之前，一般1～2天换一次清水，水生根长到5厘米长的时候可以添加营养液培养。

澳洲杉对光比较敏感，因为喜欢光照，所以趋光生长性非常强，在水培生长过程中，要定期转换器皿的角度，这样植株受光均匀，容易保持美观的形态。

在夏、秋生长期，将水培澳洲杉植株放置于半阴处，但也可以摆在窗户有光照的通风处养护，如果室温在35℃以上，则应放于遮阴处，这样不仅可以保护枝叶，还可以保护株型。

季节	春	夏	秋	冬
光照	全日照	遮阴	全日照	全日照
营养液	隔3 ~ 5天	隔3 ~ 5天	隔5 ~ 7天	隔7 ~ 10天

鹅掌柴

E Zhang Chai

Message

别名： 七叶莲、鸭脚木、矮伞树、鹅掌藤、舍夫勒氏木

拉丁学名： Schefflera octophylla (Lour.) Harms

科属： 五加科鹅掌柴属

原产地： 南洋群岛

健康价值

鹅掌柴的叶片可以吸收香烟燃烧时散发的尼古丁和其他有害物质，并通过光合作用转换成植物自身所需的物质，很适合有吸烟人群的家庭栽培。

生长习性

形态特征： 鹅掌柴是常绿半蔓性灌木，茎直立柔韧，有较多的分枝，枝条紧密。掌状复叶，小叶5～9枚，椭圆形，先端有长尖，叶革质，浓绿，且有光泽。

生态习性： 喜温暖、湿润和半阴环境，光照的强弱会对叶色产生明显的影响，光照强烈时叶色趋浅，半阴时叶色浓绿。

日照： 对光照的适应性很强，在全日照、半日照或半阴的环境下均能正常生长，但光照的强弱却会对鹅掌柴的叶色产生影响，光强时叶色趋浅，半阴时叶色则转为浓绿。如果通风不良或光线太暗，会导致叶片脱落。

温度： 生长适温为16～27℃，冬季温度不应低于5℃，0℃以下会出现落叶现象，所以即使是在室内也需要有效的保暖。

日常养护

水培鹅掌柴的材料可以选择盆栽的鹅掌柴植株或者枝干，剪取10厘米左右的半木质化的健壮顶端枝干，去除下部叶片，留上部1～2个掌状复叶。

枝干先进行消毒，在高锰酸钾溶液中浸泡15分钟，之后用水冲洗干净，插入瓶中，上部可以用定植篮或者蛭石等固定。每隔2～3天换水一次，温度保持在20～25℃，当水生根长到5厘米长的时候可改用观叶营养液养护。

鹅掌柴平时要摆放在室内光线明亮处，夏季避免阳光直射，春秋季节每隔5～7天换水一次，营养液的更换以水的浑浊程度来决定，如果清亮可不更换。

水培鹅掌柴时冬季温度不应低于15℃，平时可经常向植株喷雾喷水，保持潮湿通风的环境。如果长势较快，要注意整形修剪。

季节	春	夏	秋	冬
光照	全日照	遮阴	全日照	全日照
营养液	肥料 隔2～3天	肥料 隔2～3天	肥料 隔5～7天	肥料 隔7～10天

发财树

Fa Cai Shu

Message

别名：马拉巴栗、瓜栗、中美木棉

拉丁学名：Pachira macrocarpa

科属：木棉科瓜栗属

原产地：墨西哥、哥斯达黎加

健康价值

发财树能够吸收氨气、二氧化碳等有害气体，进而达到净化浑浊空气的效果，其繁密的叶子还能有效增加室内空气湿度，平衡房间内的干燥。

生长习性

形态特征：多年生常绿灌木或小乔木，茎直立，叶大互生，有长柄，掌状复叶，有小叶5～7枚，长圆至倒卵圆形。大的发财树会开出大朵的绿白色花，花后结出大的果实，成熟后开裂，散出带毛的种子。

生态习性：喜充足光照、通风良好的环境，也耐半阴，忌严寒和水涝。

日照：喜充足的阳光，家庭摆放时应使叶面朝向阳光。

温度：生长适温15～30℃，越冬温度不低于5℃。

日常养护

水培取材可选盆栽的长势健壮的发财树，脱盆、去土后，用清水将根须清洗干净，之后将根须的2/3放入水中“驯化”。

一般20天左右会长出大量的水生根，形成观赏性好的根系，此时可以定植到水培容器中换成营养液养护。

发财树的培养器皿可以选择较大的玻璃容器，还可以在水中养殖几条观赏鱼。

春秋季每隔10～15天换营养液一次，冬季15～20天更换一次。夏季高温的时候，应该每隔5天换水一次。如果是自来水，使用前应提前一天静置，使氯气挥发干净。

长时间培养，会出现老根、烂根，要及时剪掉，之后用800～1000倍的多菌灵溶液浸泡根须15分钟，之后再用自来水冲洗干净放入干净的器皿中用清水养护，当新的水生根长出后可以进行正常培养。

水培发财树以散射光为主。从窗户等地方射进来的自然光就行，不一定非要晒到太阳。平时可对徒长的植株进行整形修剪，冬季温度不低于5℃。

栽培心得

水培发财树根部供氧很重要，不仅可以用营养液增加生长活力，也可以每天摇动几下器皿，以增加水中的氧气。

季节	春	夏	秋	冬
光照	全日照	遮阴	全日照	全日照
营养液	隔10～15天	隔5天	隔10～15天	隔15～20天

黑叶芋

Hei Ye Yu

Message

别名：小仙女、黑叶观音莲、龟甲芋

拉丁学名：Herba Monachosori Henryi

科属：天南星科海芋属

原产地：亚洲热带地区

健康价值

水培黑叶芋叶形美观，叶色墨绿，具有较高的观赏价值，适合点缀客厅、书房或窗台，显得典雅豪华。如在宾馆、商厦的茶室和橱窗中摆放，栩栩如生，更显别样情趣。

生长习性

形态特征：黑叶芋为多年生草本植物，地下部分具肉质块茎，并容易分蘖形成丛生植物，叶为箭形盾状，由于叶片大而薄，叶片数少，花为佛焰花序，从茎端抽生。

生态习性：黑叶芋比较适合生长在温暖、湿润的环境中，耐水湿，不耐强光，稍耐寒。

日照：水培黑叶芋喜欢半阴环境，忌强光直射。

温度：生长适温25～30℃，冬季温度不低于15℃。

日常养护

水培黑叶芋可选择健康的盆栽植株为母本，脱盆、去土、洗净根系，然后固定于玻璃器皿内。加清水到没过根系的1/3～2/3处，刚上盆时，每天换一次晾晒过的自来水，当水生根长出的时候可改为添加营养液培养，每隔15～20天换一次，也可以根据营养液的透明度来更换，若不浑浊可不更换。

水培黑叶芋很容易出现烂根现象，应每隔20～30天清洗根部一次，夏天最好每隔5天清洗一次，一旦发现烂根，要及时剪掉，等其逐渐适应水生环境后此现象即可消失。

水培黑叶芋长期使用营养液，植株根部消耗的氧气多但得不到更新，或者滋生了大量微生物、藻类，也容易引起根系的腐烂。

解决的办法是，水培黑叶芋适时增加根部的氧气流通。最简单方便的增氧办法是勤换清水或营养液，或适当振荡培养容器以及稍微搅动营养液，增加液体的氧气溶解量等。

黑叶芋虽然性喜半阴，但若缺少光照植株容易徒长，而且叶色暗淡，所以平时可以放在有充足散射光的地方养护，叶色就会变绿。

季节	春	夏	秋	冬
光照	全日照	遮阴	遮阴	全日照
营养液	肥料 隔15~20天	肥料 隔5天	肥料 隔15~20天	肥料 隔20~30天

彩叶粗肋草

Cai Ye Cu Lei Cao

Message

别名：如意皇后、火红万年青、银后亮丝草

拉丁学名：Aglaonema Red Valentine

科属：天南星科粗肋草属

原产地：亚洲东南部

健康价值

彩叶粗肋草能够去除空气中的尼古丁、甲醛等有害物质，特别适合有吸烟人群以及刚装修的家庭栽培。另外，彩叶粗肋草株型美观、叶色艳丽，无论是点缀客厅还是卧室摆放均可起到很好的装饰观赏作用，令人眼前一亮、神清气爽。

生长习性

形态特征：多年生草本植物，叶互生，披针形至宽卵形，叶端渐尖，叶面上红、黄、白斑纹交错。花小，佛焰花序，佛焰苞白、绿白色。

生态习性：喜温暖、湿润的气候，忌强光暴晒，耐高温，不耐寒。

日照：耐半阴，但光线过弱植株容易徒长，叶色变淡。

温度：生长适温20～30℃，越冬温度不低于12℃。

日常养护

水培彩叶粗肋草可通过洗根法和水插法来取得，洗根法的操作步骤与大多数水培植物一样，水插法是从长势健壮的盆栽植株上选取直径约为1厘米的枝干，将其截成10厘米长的小段，保留茎节上的气生根，如果有条件可将剪口用0.5%的高锰酸钾溶液消毒，晾干伤口流出的汁液后，插入素沙或水中，在25℃左右的环境中，15～20天插条基部就会生根发芽。

水插法刚开始时的时候应该每隔1～2天换水一次，以保证水质的清洁和满足插穗对氧气的需求，换水的同时要将插穗与器皿冲洗干净，特别要加强剪口处的冲洗，待水生根长到5厘米左右即可添加营养液水培。营养液的容量以没过根系的1/3～1/2处为宜，切勿将根系全部浸入其中，每隔10～15天更换一次营养液，同时清洗容器和根系。

彩叶粗肋草平时可摆放在有明亮散射光的地方养护，特别是夏季要避免阳光直射，气温高的时候可向植株喷水保湿。如果是添加自来水，应该提前对自来水进行晾晒，这样一方面可以使得自来水中的氯气完全释放，另外一方面也可以使得自来水的温度与环境温度相一致，植株不会觉得“忽冷忽热”，这一点在冬季气温较低的时候尤其需要注意。

季节	春	夏	秋	冬
光照	遮阴	遮阴	遮阴	全日照
营养液	肥料 隔10～15天	肥料 隔5天	肥料 隔10～15天	肥料 隔15～20天

网纹草

Wang Wen Cao

Message

别名：费道花、银网草

拉丁学名：Fittonia verschaffeltii

科属：爵床科网纹草属

原产地：南美洲

健康价值

网纹草的姿态轻盈，叶脉清晰，叶色淡雅，纹理均匀，植株小巧玲珑，清新美观，具有较高的观赏价值。

生长习性

形态特征：网纹草的植株低矮，呈匍匐状蔓生，叶十字对生，卵形或椭圆形，红色叶脉纵横交替，形成网状。顶生穗状花序，花黄色。

生态习性：喜高温多湿和半阴环境，生长期需较高的空气湿度，特别是夏季高温季节，水分蒸发量大，空气干燥，除浇水增加盆土湿度以外，叶面喷水和地面洒水也很有必要。

日照：网纹草喜欢充足的散射光，忌强光直射。夏天需要遮阴，冬季则需要补充充足的阳光，这样才能保证网纹草叶片的生长健壮。

温度：网纹草的生长适温为18～25℃。冬季温度不低于13℃，低于8℃容易发生冻害，冬季室内养护，最好放置在有阳光的地方，以便安全过冬。

日常养护

水培网纹草的材料可以直接用洗根法水培，也可以剪枝水插。

洗根的做法是将整盆植物倒出来，把根上的泥土洗干净，剪去老根、枯根，然后置于水中培养。

在水生根没有长出之前，应该将网纹草植株摆放在阴暗的地方，不要强光照射，同时，可以用不透明的棉布或者纸张遮挡住根系，黑暗环境可以有助于水生根的生长。

水培初期最好每天换水，长出水生根之后换水次数可以减少。等生长稳定后再加营养液。

剪枝水插的做法是选取健壮的枝条，剪下后插入水中，水生根未长出之前，植株可能会出现萎蔫，最好放在阴凉处，多给叶面喷水。

网纹草喜欢潮湿的生长环境，所以应经常向植株喷水。在炎热夏季，水中的含氧量很低，需要每隔5～7天换水一次，否则容易发生烂叶现象。

季节	春	夏	秋	冬
光照	全日照	遮阴	全日照	全日照
营养液	肥料 隔5～7天	肥料 不添加	肥料 隔5～7天	肥料 隔5～7天

虎尾兰

Hu Wei Lan

Message

别名：虎皮兰、虎皮令箭、锦兰、虎尾掌、千岁兰

拉丁学名：Sansevieria trifasciata Prain

科属：龙舌兰科虎尾兰属

原产地：非洲西部、美洲热带地区

健康价值

虎尾兰可吸收室内80%以上的有害气体，吸收甲醛的能力超强，并能有效地清除二氧化硫、氯、乙醚、乙烯、一氧化碳、过氧化氮等有害物。

生长习性

形态特征：多年生肉质草本植物，具匍匐横状的根茎，叶簇生，坚挺直立，剑形，肥厚革质。叶面有明显的浅绿色和深绿色相间的条纹，极似老虎的尾巴，叶子的边缘常呈金黄色，表面有很厚的蜡质层。常见的变种有金边虎尾兰、短叶虎尾兰等。

生态习性：虎尾兰适应性强，性喜温暖湿润，耐干旱和瘠薄，怕水涝，喜光又耐阴，可常年在庇荫处生长。其生长适温为20～30℃，越冬温度为8℃。

日照：喜充足光照，也耐半阴，夏季要注意遮阴，如光照强烈其叶子会变色老化，缺少观赏性。

温度：生长适宜温度20～28℃，10℃以下要预防冻害。

日常养护

水培虎尾兰的材料可用株型合适的盆栽植株洗根后水培。因为虎尾兰的根系较发达，在洗根水培时，应该将虎尾兰的根系剪去1/3或2/3，可以促进早发新的水生根。

把虎皮兰的根系泡在清水中静置6～8小时，然后插入花瓶中。

在培养水生根的时候，一般每隔5～7天就要给虎尾兰换水一次，换水的时候可加入少量多菌灵溶液，防腐消毒，当水生根长到5厘米左右的时候，可以添加营养液培育。

虎尾兰应该放置在光线明亮处，夏季应该每天向叶面喷水，营养液的更换以水的浑浊度来决定，夏季适温应该在30℃以下，冬季适温在18℃以上。

栽培心得

水培虎尾兰对环境适应性非常强，所以在土培转水培的过程中，最好放置在有光照的地方。

季节	春	夏	秋	冬
光照	全日照	遮阴	全日照	全日照
营养液	肥料 隔5～7天	肥料 不添加	肥料 隔5～7天	肥料 隔10～15天

金边龙舌兰

Jin Bian Long She Lan

Message

别名：金边莲、龙舌兰

拉丁学名：Agave americanavar. Marginata

科属：龙舌兰科龙舌兰属

原产地：美洲

健康价值

金边龙舌兰叶片坚挺美观、四季常青，非常具有观赏价值，适合家庭养护。同时，金边龙舌兰的叶子具有润肺、化痰、止咳等功效。

生长习性

形态特征：金边龙舌兰为常绿型草本，叶倒披针形，灰绿色，呈莲座式排列，被白粉，肉质，叶缘具有疏刺，顶端有一硬刺，刺暗褐色。龙舌兰株型开散，叶片坚挺美观，终年有绿，是坚强的象征。

生态习性：金边龙舌兰性喜阳光充足，耐瘠薄，稍耐寒，不耐阴；喜凉爽、干燥的环境。

日照：喜欢充足的阳光，如果光照不足，会使植株生长受阻，叶片失去原本的光泽。

温度：水培金边龙舌兰适宜生长的温度在15～25℃；而在夜间温度10～16℃生长为最佳，在5℃以上的气温下可露地栽培。

日常养护

水培金边龙舌兰，在室温允许的情况下，一年四季均可进行。选择健康的盆栽植株，脱盆、去土，水培时需要去掉老根、病根，用消毒液消毒，再用生根液浸泡一定时间。

处理干净后，将植株用定植篮固定在水培容器中，加入清水至根须的1/3～2/3处，等培育出水生根后，可添加营养液养护。

在冬季气温低的条件下，要注意保温，白天放在有阳光的地方，晚上采取罩塑料袋保温的措施。

金边龙舌兰切忌不要放在阴暗偏冷的地方，冬季换水时，尽量将水温控制在12～18℃，以保证金边龙舌兰安全过冬。

栽培心得

水培金边龙舌兰需要常拿到阳光好的地方光照，如果总在阴暗地方，叶片容易发白、变细，从而失去观赏价值。

季节	春	夏	秋	冬
光照	全日照	全日照	全日照	全日照
营养液	肥料 每周1次	肥料 不添加	肥料 每周1次	肥料 不添加

观音竹

Guan Yin Zhu

Message

别名：荷花竹、莲花竹

拉丁学名：Rhapis excelsa (thunb.)Henry et Rehd)

科属：百合科龙血树属

原产地：印度

健康价值

观音竹可以吸收氨气、丙酮、苯、三氯乙烯、甲醛等有害气体，外观新颖别致，在办公室或者家庭摆放，有缓解视觉疲劳的功效。

生长习性

形态特征：茎秆笔直，圆形似竹。叶卵形先端尖，叶柄基部抱茎，茎叶肥厚，叶深绿色。

生态习性：性喜阴湿高温，耐涝，耐肥力强，抗寒力强；喜半阴的环境。适宜在明亮散射光下生长，光照过强、暴晒会引起叶片变黄、褪绿、生长慢等现象。

日照：耐阴性强，可长期放置在室内阳光照不到的地方。

温度：生长适温25～30℃，冬季温度不低于8℃。

日常养护

水培观音竹光照、氧气、营养缺一不可，所以虽然观音竹喜阴，但也不能长期放置于阴暗处培育。

水培观音竹的材料可以选择盆栽的植株或者剪去观音竹的茎干作为插条，放入清水中培养水生根。

用茎干做材料的时候，可先将基部叶片剪去，并将基部用利刀切成斜口，切口要平滑，以利吸收水分和养分。

每隔3～4天换水一次，换水的时候如果使用的是自来水，要提前一天静置，以使得内部的氯气挥发干净。

10天内不要移动位置或改变方向，约15天左右可长出银白色须根。

观音竹的水生根长出后换水次数不宜太勤，只有当水分蒸发减少后可及时往容器内加水。这是因为常换水易造成叶黄枝萎。当水生根长到6厘米左右的时候可以添加营养液培养。

栽培心得

水培观音竹对水的需求量大，如果出现竹叶卷曲，说明水量缺失，应该及时补充水分。夏季可以适当增加换水的次数，冬季要减少，并放置在较温暖的环境中。

季节	春	夏	秋	冬
光照	遮阴	遮阴	遮阴	全日照
营养液	肥料 隔15天	肥料 隔15天	肥料 隔15天	肥料 隔15～20天

豆瓣绿

Dou Ban Lu

Message

别名：椒草、翡翠椒草、青叶碧玉、豆瓣如意、小家碧玉

拉丁学名：Peperomia tetraphylla

科属：胡椒科草胡椒属

原产地：西印度群岛

健康价值

豆瓣绿清新悦目，以其明亮的光泽和自然的绿色令人喜爱。同时，豆瓣绿对空气中的甲醛、二甲苯、尼古丁有一定的净化作用，还可以吸收电脑和手机的电磁辐射。

生长习性

形态特征：株型丰满，叶碧绿，簇生，肉质较肥厚，倒卵形。无主茎，穗状花序，灰白色。

生态习性：水培豆瓣绿喜欢生长在温暖湿润的半阴环境，不耐高温、忌阳光直射。盆栽植株耐干旱，浇水不宜过多，尤其秋冬要减少浇水。如空气干燥可向叶面多喷水。忌霜冻。

日照：喜欢充足的散射光，耐半阴，不耐强光。

温度：生长适温25℃左右，冬季最低温度不低于10℃。

日常养护

水培豆瓣绿的材料可用叶插法，选择叶色浓绿，叶片肥厚，长势好，无病虫害的豆瓣绿植株，剪取顶端健壮枝条做插条，长10厘米左右，带3～4片叶子。

将插条根部放入0.2%的高锰酸钾溶液中浸泡5～6分钟进行消毒，之后用清水冲洗干净。

将插条下部插入盛有清水的容器中，插入深度为3～4厘米。平均每3天换水一次，7～10天之后会有水生根长出，可改为营养液培养。

水培豆瓣绿平时应该摆放在阴凉无阳光直射光的地方，如果气温较高，应该每天对植株喷水一次，保持环境空气相对湿度为60%～80%，每隔5～7天换一次营养液。

换营养液的时候要注意，豆瓣绿对营养液的浓度要求不高，浓度太高容易导致植株烂根。

栽培心得

水培豆瓣绿不仅可以作为盆栽装饰，绿叶还具有药用价值，具有祛风除湿、止咳祛痰的功效，如果想食用，在使用营养液的时候尽量减量或是避免使用。

季节	春	夏	秋	冬
光照	遮阴	遮阴	遮阴	全日照
营养液	肥料 隔5～7天	肥料 隔3～5天	肥料 隔5～7天	肥料 不 添 加

镜面草

Jing Mian Cao

Message

别名： 翠屏草、一点金

拉丁学名： *Pilea peperomioides* Diels

科属： 荨麻科冷水花属

原产地： 中国

健康价值

镜面草的叶片与根部能吸收二甲苯、甲苯、三氯乙烯、苯和甲醛，并将其分解为无毒物质。

生长习性

形态特征： 镜面草的茎粗壮，肉质，棕褐色，老茎常木质化，节上有深褐色的托叶和叶痕；叶绿色，近圆形，肉质，有光泽，叶柄呈盾状着生于叶片中央偏上部，形若举着一面面小镜，密集着生茎上，叶柄长短不一，向四周伸展。

生态习性： 镜面草喜欢潮湿、温暖的生长环境，不耐高温，稍耐寒，有稍微的光亮即可生长，所以即使长时间摆放在室内没有阳光处也不影响其生长。

日照： 水培镜面草耐阴性较强，可接受明亮的散射光，不耐强光，但光照充足，叶片会更加鲜绿，适度光照更利于生长。

温度： 生长适温15~25℃，越冬温度不低于10℃。

日常养护

水培镜面草的材料可用洗根法取得，就是选择盆栽的健康植株，将镜面草的栽培基质小心去除，尽量少伤根系，用清水清洗干净，对过长的根可适当修剪。再用50%的多菌灵1000倍液浸泡根系10分钟即可，之后用清水冲洗。

将处理过的镜面草，用卵石或定植篮定植于玻璃器皿中，用清水培养。让2/3根系浸入水中，每周换水2次。

在培养过程中，应放置在阴暗的地方，气温不超过30℃，空气相对湿度大于80%，可经常向植株喷水。

当大部分新根长至0.5~1厘米时，可以添加营养液，进行水培观赏。观察镜面草的生长情况，每隔半个月更换一次营养液，并保持水位基本稳定。如果根部以及器皿内壁有绿苔出现，要及时清洗，以防止植株缺氧。

在夏季，缺氧是由于水温过高，水中的溶解氧下降造成的，可改为清水培养或降低营养液的浓度，待天气转凉后，再改为营养液培养。

季节	春	夏	秋	冬
光照	遮阴	遮阴	遮阴	全日照
营养液	肥料 隔15天	肥料 不添加	肥料 隔15天	肥料 不添加

铜钱草

Message

别名： 金钱草、钱币草、圆币草、水金钱、积雪草

拉丁学名： Hydrocotyle vulgaris L.

科属： 伞形科天胡荽属

原产地： 欧洲

健康价值

铜钱草适应性强，非常容易培植，繁殖迅速。铜钱草的根茎叶不仅可作为蔬菜料理，也可作为中药材使用，具有祛风、固肠、明目、清暑等功效。

生长习性

生态习性： 铜钱草性喜温暖潮湿，栽培处以半日照或遮阴处为佳，忌阳光直射，盆栽时以松软排水良好的栽培土为佳，水培时最适水温22～28℃。耐阴、耐湿，稍耐旱，适应性强。铜钱草生性强健，容易养护，繁殖迅速，水陆两栖皆可。

形态特征： 铜钱草株高通常为5～15厘米。茎顶端呈褐色。沉水叶具长柄，圆盾形，缘波状，草绿色。伞形花序，小花白粉色。其茎节明显，每节各长一枚叶。

日照： 耐阴，忌阳光直射，宜摆放在半日照或稍遮阴处。

温度： 铜钱草喜欢温暖，怕寒冷，生长适温10～25℃，冬季温度不宜低于5℃。

日常养护

铜钱草可在硬度较低的淡水中进行栽培，所以对水质要求不严，生长旺盛阶段每隔2～3周添加营养液一次，或能于水中维持长时间的肥效的肥料。

铜钱草不需要很大的花器，水量需求很大，在换水时，尽量将自来水放置一天后再更换。同时，叶面定期用水喷洗，以防止灰尘阻碍了光合作用。

铜钱草喜光照充足的环境，所以最好让它每天接受4～6小时的散射日光。

使用专用荧光灯，每天给予8～10小时的人工光照植株也能正常生长。

在良好的管理条件下，铜钱草不易患病，而且发苗迅速，成形较快。

栽培心得

水培铜钱草非常适合粗放栽培，只需要提供足够的阳光和水，就可以长势良好。虽然在生长过程中会产生黄叶，但凋谢的速度会远远低于生长新叶的速度，将黄叶摘除即可。

季节	春	夏	秋	冬
光照	遮阴	遮阴	遮阴	全日照
营养液	肥料 隔 2 ~ 3周	肥料 不添加	肥料 隔 2 ~ 3周	肥料 不添加

常春藤

Chang Chun Teng

Message

别名：土鼓藤、钻天风、三角风、散骨风、枫荷梨藤、洋常春藤

拉丁学名：Hedera helix

科属：五加科常春藤属

原产地：中国

健康价值

常春藤能净化室内空气，可吸收苯、甲醛等有害气体，还可以吸收环境中的微粒灰尘。常春藤的茎、叶、种子都可入药，有祛风、利湿、解毒的功效，可治疗感冒、头痛等症。

生长习性

形态特征：多年生常绿攀援灌木，茎灰棕色或黑棕色，光滑，有气生根，幼枝被鳞片状柔毛，单叶互生，叶柄有鳞片。叶薄革质，表面被有较薄的蜡质。

生态习性：常春藤喜温暖、荫蔽的环境，忌阳光直射，较耐寒，对土壤和水分要求不严。

日照：盆栽常春藤喜欢充足的散射光，忌阳光直射。

温度：适宜生长温度为25～30℃，冬季能耐0℃的低温。

日常养护

水培常春藤的取材可以用洗根法，也可用水插法。用洗根的方式有一些弊端，如脱盆洗根时会或多或少损伤植株的根系，不利于植株存活。

另外，洗后的根系上仍会带有土黄色，放在透明的水培容器中缺少美感，而枝条水插法则没有这些弊端。

枝条水插适合在春秋两季进行，先选取盆栽常春藤上半木质化的枝蔓，将其剪下10厘米长，去除基部叶片，然后直接插入清水中。

水插的前段时间应注意保持水体干净，每隔1～2天换一次清水，以防止枝条下端腐烂。

一般10天左右常春藤会长出新的水生根，在出根过程中，不要给强烈的光照，放在散光或阴暗处，温度要合适，避免环境太冷或太热。

常春藤水生根长出后可每隔5～7天换水一次，当根系长到3～5厘米长的时候，可以加入营养液培养，可选用市场上出售的观叶营养液。每隔2～3周换水、换营养液一次。

盛夏高温时期，由于水培常春藤处于休眠期，所以为了防止根系腐烂，应改用清水养护。

季节	春	夏	秋	冬
光照	遮阴	遮阴	遮阴	遮阴
营养液	肥料 隔 2 ~ 3周	肥料 不添加	肥料 隔 2 ~ 3周	肥料 不添加

七彩铁

Qi Cai Tie

Message

别名：红边竹蕉、彩色千年木、龙血树、细叶千年木

拉丁学名：Dracaena marginata

科属：龙舌兰科龙舌兰属

原产地：亚洲

健康价值

七彩铁是很好的“空气净化器”，它的叶片与根系均能吸收二甲苯、甲苯、三氯乙烯、苯和甲醛等有害气体，并将其分解为无毒物质。

生长习性

形态特征：常绿灌木，叶片细狭如剑，叶子中间多为绿色，叶缘有红色、黄色、乳白色、紫红色等条纹，老叶向下垂，新叶向上伸展。

生态习性：喜高温、多湿的环境，耐旱也耐湿，温度高时生长旺盛，忌阳光暴晒，不耐寒冷。

日照：喜半阴，也能耐极暗的环境，全光下也可以正常生长。

日常养护

水培七彩铁可用洗根法，选取生长健康的盆栽植株，脱盆去土，将植株固定在栽培容器中，加入清水，用黑布将容器裹住，这样能加快水生根的生长。每隔1～2天换一次清水，水量以没过根系的1/3～2/3为宜。

七彩铁要置于室内散射光充足的地方，夏季要避免强光直射。过强或过暗的光线，会使叶片失去色彩，变为绿色，太阴暗的环境会使茎下部叶片脱落。为了避免造成主干下部光秃可采取截顶的方式。

七彩铁水培有时候会出现根部腐烂的现象，主要原因是由于培养液中的含氧量过低的缘故，解决的方法是，平时摆放的时候要避免阳光直接照射，以降低根系对氧气的需求；及时更换营养液，营养液的浓度一定要低，并增加营养液和空气的接触面；将花瓶放在空气流通的地方，这样有利于氧气的增加。还有一个方法是可以手动增氧，就是用手轻轻晃动花瓶，这样花瓶内的营养液也会晃动，一般能增加30%的含氧量。

需注意的是，如果采用自来水培育，一定要提前晾晒自来水，以使得其中的氯气能够完全释放，否则会影响根系的生长。

水培七彩铁容易在营养液中产生藻类，这些藻类还会附着在瓶壁内，一方面影响观赏，另一方面藻类还会与植株争氧，解决的方法就是及时更换营养液，并清洗根须以及花瓶。

季节	春	夏	秋	冬
光照	遮阴	遮阴	遮阴	全日照
营养液	隔7～10天	隔3～5天	隔5～7天	不添加

双线竹芋

Shuang Xian Zhu Yu

Message

别名：肖竹芋

拉丁学名：Calathea ornata ‘Sanderana’

科属：竹芋科竹芋属

原产地：南美洲

健康价值

双线竹芋耐阴性强，宜于室内栽培，色彩鲜明特别适合观赏，另外对于净化居室空气也有良好的功效，能够清除空气中的氨气污染。

生长习性

形态特征：多年生草本植物，墨绿色的叶片多呈椭圆形，叶面上沿主脉到叶缘有两条鲜明的粉红线纹，在叶片与叶柄连接处有一个大的关节，有调节叶片方向的作用。

生态习性：喜温暖、湿润的环境，不耐寒，特别是对湿度较敏感，当干旱的时候叶片卷曲，湿度增加的时候叶片变得明亮舒展。

日照：双线竹芋喜欢半阴环境，但忌强光暴晒。

温度：生长适温18～25℃，越冬温度不低于10℃。

日常养护

水培双线竹芋可选择长势健壮的小型土培盆栽植株，用洗根法进行处理后，定植于栽培容器内，加入清水至1/2～2/3根系处。

双线竹芋也可以在春秋两季结合分株选取带5～9片叶的株丛，小心洗净泥土，去除枯叶和烂根，在 0.05%～0.1%的高锰酸钾溶液中浸泡根须10分钟后用清水冲洗干净，然后定植于容器中。

水培双线竹芋在水生根长出之前，需要放置在通风背阴处，如果环境干燥，可以用喷壶适当给双线竹芋的叶面喷水，每天换一次清水，一般7～10天后会长出新的水生根。

当水培双线竹芋植株完全适应水培环境时，加入观叶植物营养液进行养护，每3～4周更换一次营养液，平时只需补充散失的水分。

水培双线竹芋的营养液可选用观叶植物营养液或用复合花肥配制，第一次添加营养液的时候要用清水稀释3～5倍。

平时养护的时候可放在有散射光的地方，尽量避免中午前后的强光暴晒，冬季如果是放在有暖气的房中养护，要远离暖气，若室内空气干燥，可在上午10点左右对植株喷雾。

季节	春	夏	秋	冬
光照	遮阴	遮阴	遮阴	遮阴
营养液	肥料 3 ~ 4周	肥料 不添加	肥料 3 ~ 4周	肥料 不添加

孔雀竹芋

Kong Que Zhu Yu

Message

别名：蓝花蕉、五色葛郁金

拉丁学名：Calathea makoyana

科属：竹芋科肖竹芋属

原产地：巴西，热带美洲及印度洋的岛域

健康价值

孔雀竹芋被公认为是室内观叶植物的珍品，具有很强的净化空气的能力，尤其能十分有效地消除空气中的甲醛和氨气。由于它喜半阴的环境，因此在室内较弱光线环境下也可以自然生长、开花，十分适合装饰家庭书房、卧室、客厅等场所。

生长习性

形态特征：孔雀竹芋具有美丽动人的卵状椭圆形叶，生长茂密。沿中脉两侧分布着绒状斑块，左右交互排列。绿色叶面上隐约呈现金属光泽，明亮艳丽。

生态习性：喜湿润，忌空气干燥，其株型规整，叶面散布着美妙精致的斑纹以及独特的金属光泽，犹如孔雀开屏一样漂亮，孔雀竹芋性喜半阴，但不耐寒，不耐旱。

日照：不耐直射阳光，栽培时要适当遮阴。

温度：喜欢温暖环境，生长适温为18～25℃。

日常养护

孔雀竹芋无土栽培首先需要选择塑料盆或仿古陶瓷花盆，可以用水培或是基质进行养护。用水栽培，换水的时间都需要合理掌握。

如选用珍珠岩为基质（珍珠岩：泥炭：炉渣为1：1：1混合基质）进行培育，先在盆底铺一层陶粒为排水层，再加入配好的基质，放入正苗，用手压实，然后再加一层陶粒，这样可以为日后养护提供方便。

日常养护使用营养液，第一次浇营养液要稀释3～5倍，一次浇透。日常补液每周1～2次，每次100毫升，平时要补水保持基质湿润。但补充营养液的时候不能补水，而且要保持通气以防止根烂。

栽培心得

水培孔雀竹芋最怕阳光直射，所以最好摆放在室内有明亮散射光处，但冬季如果室温偏低，会出现落叶、烂根现象，必要时可以为花盆罩塑料袋，保护植株平稳过冬。

季节	春	夏	秋	冬
光照	遮阴	遮阴	遮阴	遮阴
营养液	肥料 每周1~2次		肥料 每周1~2次	

一品红

Yi Pin Hong

Message

别名：圣诞花、老来娇、象牙红

拉丁学名：Euphorbia pulcherrima Willd

科属：大戟科大戟属

原产地：中美洲

健康价值

一品红的枝叶美观，花色艳丽，花期长，普通栽培多在圣诞、元旦时节开花，红艳的颜色增加了喜庆气氛。一品红的花朵还有药用价值，有调经止血、活血化痰、接骨消肿的功效。

生长习性

形态特征：一品红的根圆柱状，极多分枝。茎直立，叶互生，卵状椭圆形、长椭圆形或披针形，顶端靠近花序的叶片呈苞片状，开花时朱红色，为主要观赏部位。

生态习性：喜欢温暖、潮湿、阳光充足的环境，对水分的反应比较敏感，不耐寒，不耐高温。生长期需要充足水分，对水分要求严格，如果水分不足，容易引起根部腐烂、落叶等。

日照：一品红为短日照植物，日照时间过长，植株容易徒长不开花，在开花期间光照调节显得更为重要。如果生长过程中光照不足，枝条易徒长、易感病害，花色暗淡，长期放置阴暗处，则不开花，冬季还会落叶。

温度：生长适温18～25℃，冬季越冬温度不低于10℃。温度过高，光照太强或太弱都会引起落叶。

日常养护

水培一品红可使用洗根法，选取株型较好的土培植株，剪去枯枝和过于密集的枝条后，洗净根部，剪去枯根和病根，定植于容器中，加水至根系的1/2处，温度保持在20℃左右，一般7～15天能够长出新的水生根。

初期每隔2～3天换水一次，长出水生根后可每隔10～15天换水一次，冬季则可每隔20天换水一次。

在水培一品红的水生根长出后，换水的时候要加入营养液，营养液可选择观花营养液。

换水的时候，一品红如果使用的是自来水，要提前一天晾晒，让其中的氯气完全释放出来，如果是冬季还要注意自来水的温度要与花卉栽培环境的温度一致，不能太凉。

季节	春	夏	秋	冬
光照	全日照	遮阴	全日照	全日照
营养液	肥料 隔10～15天	肥料 隔10～15天	肥料 隔10～15天	肥料 隔20天

变叶木

Bian Ye Mu

Message

别名：洒金榕、变色月桂

拉丁学名：Codiaeum variegatum

科属：大戟科变叶木属

原产地：东南亚和太平洋群岛的热带地区

健康价值

变叶木因叶色、叶形上的变化独显色彩和姿态的美丽，在观叶植物中深受大家喜欢，是家庭栽培以及园林绿化中常见的绿色植物。

生长习性

形态特征：变叶木茎叶厚革质，生长繁茂，叶色鲜丽，特别是红色、紫色等斑纹或斑点，更显夺目。形态因品种不同而异，叶形呈细长线形、披针形、卵形或有深裂。

生态习性：变叶木喜欢生长在高温、湿润和阳光充足的环境，不耐寒。变叶木喜湿怕干。

日照：变叶木喜欢阳光充足，不耐阴。水培植株应放置于室内阳光充足的通风的地方。若光照长期不足，叶面斑纹、斑点不明显，缺乏光泽，枝条柔软，甚至产生落叶。

温度：水培变叶木适宜生长的温度为20～35℃，冬季不低于15℃，否则会引起叶子脱落。

日常养护

变叶木是十分适宜水培的花卉种类，可以剪取枝条，插入水中，30～45天便可以长出新根。

因为水培变叶木喜欢高温高湿，所以在日常养护的时候，需要注意往树叶上多喷水。但切忌阳光直射，或是长期处于阴暗环境，这样会导致叶片的彩色斑纹消失或落叶。

如果希望水培变叶木叶面的色斑更加艳丽，可以喷施一些磷酸二氢钾，这样还可以减少叶的脱落。

变叶木生命力比较强，很容易水培盆栽，但变叶木的吸水量很厉害，特别是在夏天高温时，器皿中的水量要求大，所以需要及时添加水，因为如果不及时跟进补充水分，会出现叶下垂，严重者会造成叶片脱落。

栽培心得

水培变叶木不仅具有观赏价值，同时，叶片还具有清热理肺、散瘀消肿的功效，主治疮毒。

季节	春	夏	秋	冬
光照	全日照	全日照	全日照	全日照
营养液	肥料 隔5～7天	肥料 隔3～5天	肥料 隔5～7天	肥料 隔7～10天

多浆花
Duojiang H

Part 04

多浆花草水来养

Duojiang Huacao Shuilaiyang

金琥

Jin Hu

Message

别名：黄刺金琥

拉丁学名：Echinocactus grusonii Hildm.

科属：仙人掌科金琥属

原产地：墨西哥中部

健康价值

金琥是常见的室内绿植，其呼吸孔在夜间打开，在吸收二氧化碳的同时能放出大量氧气。在家庭中或办公室中的电器旁摆放金琥，可有效减少各种电器产品产生的电磁辐射污染，使室内空气中的负离子浓度增加。

生长习性

形态特征：多年生多浆草本，茎球形，绿色，肉质，有纵棱，棱上有丛生的针刺，黄色或黄褐色，长短不一，辐射状，刺丛内着生密集的白绒毛。花大形，侧生，着生于刺丛中，粉红色，夜间开放，长喇叭状。

生态习性：水培金琥喜欢温暖、干燥、阳光充足的环境。盆栽金琥不耐寒，耐旱，怕雨淋和水涝。

日照：喜欢充足的阳光，除了夏季适当遮阴外，其他季节均可放在有充足光照的地方养护。

温度：水培金琥生长适宜温度为20～35℃，冬季温度不应低于10℃，否则易遭冻害。

日常养护

水培金琥取材可以选择长势良好的盆栽金琥，将球体用清水洗净，并将根系修剪成约2厘米长，用多菌灵500倍液浸泡消毒20分钟，然后清水洗净，晾干，注意球体不能有积水，根须一定要干，否则容易腐烂。

晾干后，定植在玻璃器皿中，采用隔水诱根法，加水的时候一定不要接触到球体，根可以浸在水里1/3，主要是利用水蒸发的湿度诱使球体的根长出来。

期间注意勤换水，一般夏天不超过5天更换一次，春秋季节不超过15天更换一次，到了冬季一般可以坚持到1个月更换一次。

观察根系的长势，当水生根长到5厘米左右的时候就可以加入营养液培养，注意水培营养液浓度不宜太浓，可以稀释后再使用，否则容易伤到根部。

日常养护可以放在日光充足的地方，这样水培金琥才能长得更加健壮。

季节	春	夏	秋	冬
光照	全日照	遮阴	全日照	全日照
营养液	肥料 隔15天	肥料 不添加	肥料 隔15天	肥料 不添加

蟹爪兰

Xie Zhua Lan

Message

别名：蟹爪莲、锦上添花

拉丁学名：Zygocactus truncatus

科属：仙人掌科蟹爪兰属

原产地：巴西

健康价值

蟹爪兰可在晚上释放氧气，吸收二氧化碳，这对人体健康极为有利。蟹爪兰全株还能入药使用，有解毒消肿的功效。

生长习性

形态特征：附生性小灌木，分枝较多，茎叶扁平，肥厚多肉，卵形，鲜绿色，先端截形，边缘具粗锯齿。

生态习性：喜温暖湿润且通风良好的环境，属于典型的短日照花卉。忌水涝，不耐寒。花期12月到翌年1月。

日照：喜半阴环境，春夏秋气温在20℃以上的时候要遮阴。蟹爪兰的枝叶虽然需要充足的光照，但却不能强光暴晒，光照影响养分和水分的吸收，所以平时可摆放在有充足散射光的地方。

温度：生长适宜温度15～25℃，冬季温度不低于10℃。水培蟹爪兰应注意气温和空气湿度，因为合适的室内环境，才适宜植株的新根发育。

日常养护

水培蟹爪兰最好在春秋两季温暖的季节里进行，采用洗根法获得母本，先选取生长旺盛的株型好的健壮的蟹爪兰，用自来水洗净根部泥土，略修根部，然后将根系浸在0.1%的高锰酸钾溶液中消毒几分钟，用清水洗净。

将植株放入培养容器中，加水培育，水量以没过根系1/3处为宜。初次用清水，每隔1～3天换水一次，需要稳定2周，如果天气较热，可以勤些水，等水生根长到3厘米长的时候就可以加入营养液培养。

当新根发育旺盛时可以长时间不换水，每次换水都要重新加入营养液。也可观察水的透明度，如果水质透明，就不需要换水。

盛夏气温高时，蟹爪兰生长缓慢甚至休眠，此时，可不添加营养液，只用清水培育。

栽培心得

土培转水培，可以剪光旧根，诱发新根发育。

季节	春	夏	秋	冬
光照	遮阴	遮阴	遮阴	全日照
营养液	肥料 隔5～7天	肥料 不添加	肥料 隔5～7天	肥料 隔7～10天

观音莲

Guan Yin Lian

Message

别名： 佛座莲、长生草、观音坐莲

拉丁学名： Sempervivum tectorum

科属： 景天科长生草属

原产地： 法国、意大利等欧洲山区

健康价值

观音莲是比较易养的植物，具有较高的观赏价值，同时还能够吸收空气中的苯、甲醛等，在家中或办公室摆放，能够有效去除空气中的污染。

生长习性

形态特征： 观音莲的叶片呈莲座状环生，外形就好像佛教中观音菩萨坐的莲花宝座一般，叶片扁平细长，前端尖、后端宽，叶缘有小绒毛，充分光照下，叶尖和叶缘会变成棕色或紫红色。观音莲易群生，每年的春末还会从莲座下部抽出类似吊兰的红色走茎，走茎前端长有莲座状小叶丛，犹如大莲座下围绕着一圈小莲座。

生态习性： 观音莲喜欢光照充足和凉爽干燥的环境，夏季高温时和冬季寒冷时植株都处于休眠状态，主要生长期在较为凉爽的春、秋季节，生长期要求有充足的阳光，如果光照不足会导致株型松散，不紧凑，影响其观赏性。

日照： 生长期要多见光照，每隔3～4天把盆转动方向，使观音莲四面都能受到均匀光照，会使它生长平坦，叶色翠绿诱人，切忌暴晒。

温度： 水培观音莲喜温湿、半阴的生长环境，生长适温为20～30℃，越冬温度为15℃。

日常养护

将观音莲从花盆中取出，去掉根部土壤，用温水将根部浮土洗净，将枯根、老根剪掉，然后用0.1%的高锰酸钾溶液浸泡10分钟，再用清水冲洗干净，在阴凉处放置2天。

将晾好的观音莲定植在容器内加水催根，水量以没过根系的1/3为宜，每隔2～3天换水一次。

在催根期间，应该将观音莲的根部用布或者不透明的物体遮挡，尽量少见光，因为黑暗条件有利于植株根系的发育生长。

一般在20～25天后，当水生根长齐的时候就可以加入营养液培养，每隔15～20天更新一次营养液。

季节	春	夏	秋	冬
光照	全日照	遮阴	全日照	遮阴
营养液	肥料 隔15～20天	肥料 不添加	肥料 隔15～20天	肥料 不添加

波路

Bo Lu

Message

别名：绫锦

拉丁学名：Gasteraloe beguinii

科属：百合科元宝掌属

原产地：南非

健康价值

波路不仅是观赏和点缀家居环境的绿色美植，同时，它还具有防辐射净化空气的功效，所以在家中可以摆放于靠近电脑或电视机附近，这样更有益于人们的身心健康。

生长习性

形态特征：波路为多年生肉质草本，也称为多浆植物。叶片莲座状排列，有40～50片，排列紧凑。叶深绿色，叶尖为三角形，略红，叶长7～8厘米，基部宽3厘米，叶背上部有2条龙骨突，布满白齿状小硬疣。

生态习性：波路喜欢阳光充足和凉爽、干燥的环境，耐半阴，怕水涝，忌闷热潮湿。波路也可在冷凉季节生长，到了夏季高温的时候，会进入休眠的状态。

日照：波路喜全日照，夏季中午前后可适当遮阴。

温度：波路的生长适温为20～24℃，冬季越冬温度不低于8℃。

日常养护

水培材料可以选择盆栽的植株，先脱盆、去土，冲洗干净后将植株放到器皿内水培根系。

波路水培使用的器皿口径应小于叶丛，可直接将植株置于上口位置，不需他物固定，器皿内的水应以漫过根系的1/3为宜，在水生根长出之前要勤换水，温度保持在20～25℃。

当水培波路的新生根长到5厘米的时候，可改为营养液培育，营养液可选择一般的观叶营养液。

水培波路平时应摆放在散射光较强的地方，夏季要避免阳光直射，冬季温度保持在8℃以上。

栽培心得

波路的养殖和芦荟很相似，很容易上手，其喜欢充足的散射光，水培的水量不需很多，只要根部浸入即可，因为波路怕水涝，如果水培波路叶身浸水就会腐烂。

季节	春	夏	秋	冬
光照	全日照	遮阴	全日照	全日照
营养液	肥料 隔20天	肥料 不添加	肥料 隔20天	肥料 隔20天

量天尺

Liang Tian Chi

Message

别名： 霸王鞭、三角柱、三棱箭

拉丁学名： Hylocereus undulatus

科属： 仙人掌科量天尺属

原产地： 墨西哥

健康价值

量天尺能够净化室内空气，一般来说当室内的电视机或电脑在工作的时候，负氧离子会迅速减少，而量天尺肉质茎上的气孔白天关闭、夜间打开，在吸收二氧化碳的同时，会释放出氧气，能提高空气中的负离子浓度。

生长习性

形态特征： 肉质灌木，具气根，外表深绿色，分枝茎呈三棱柱形，常翅状，无毛，边缘角质化。

生态习性： 喜温暖、半阴的环境，不耐寒，稍耐旱，喜肥。

日照： 喜半阴的环境，虽然耐晒，但量天尺不是以观花为主，盛夏忌强光，所以夏天要适当遮阴，冬季需有充足光照，以利于生长。置于室内观赏的水培量天尺，应尽量放在靠近日光的窗边，让其多见阳光，使其生长良好。

温度： 生长适温25～30℃，越冬温度应不低于10℃。

日常养护

量天尺水培的时候可以采用洗根法，将小的盆栽植株脱盆、去土，将根部清洗干净，然后用定植篮或者蛭石固定在透明的栽培容器中，加入清水至根系的1/3～2/3处。

在水生根长出之前，要每隔1～2天换水一次，换水的时候一定要提前晾晒自来水，以使得水中的氯气完全释放干净并使水温与栽培环境的温度一致，这一点在冬季特别重要。

当量天尺长出新的水生根须的时候，可以加入营养液培养，注意营养液的浓度一定要淡，特别是盛夏时期，如果浓度过高，容易引起根系腐烂。

水培量天尺可每隔10天左右更换一次营养液，也可以根据容器中营养液的浑浊程度来更换，若营养液清澈透明则不必更换，更换营养液不宜太勤。

量天尺喜充足的散射光，喜潮湿的环境，平时养护可向周围喷雾增加湿度，冬季可放在向阳的地方培养。

季节	春	夏	秋	冬
光照	全日照	遮阴	全日照	全日照
营养液	肥料 隔10天	肥料 隔10天	肥料 隔10天	肥料 隔10天

芦荟

Lu Hui

Message

别名：中国芦荟、象鼻草、斑纹芦荟

拉丁学名：Aloe chinensis Berger

科属：百合科芦荟属

原产地：中国南方地区

健康价值

水培芦荟不仅可以美化环境，同时，芦荟吸收甲醛的能力特别强，在4小时光照条件下，一盆芦荟可消除一立方米空气中90%的甲醛，还能杀灭空气中的有害微生物，并能吸附灰尘，对净化居室环境有很大作用。

生长习性

形态特征：多年生肉质草本，茎较短，叶绿色，肥厚多汁，呈莲座状排列，条状披针形，上面具白色斑点，叶缘有刺状小齿。

生态习性：水培芦荟喜光，但忌强光暴晒。喜温暖干燥的环境，不耐寒，耐干旱，忌积水。

日照：喜光植物，除了刚上盆的不宜直接受光外，其他的均可长期放在阳光下栽培。

温度：生长适宜温度10～30℃，冬季在5℃左右停止生长。

日常养护

芦荟的来源可以用土培芦荟根颈部旁切割带根系的子株，洗根后晾干切口，定植于透明容器中。为便于固定根系，可略加入蛭石等基质，注入清水至根系2/3处。

另外，也可以选取植株健壮、生长茂盛、无病虫害的土培芦荟，脱盆、去土，将根系清洗干净，剪掉病根、老根，放入透明容器中，注入清水至根系2/3处。

将容器移至阴凉、背风处，每2～3天换水一次，如果发现烂根要及时剪掉，约1个月后可长出新根，新根白色、粗壮，具观赏性。

适应水培环境后，移至光线明亮处、改用观叶植物营养液长期培养，每隔15～20天更换一次营养液即可。

芦荟不耐寒，所以冬季要注意温度的控制，不能低于10℃。冬季放在室内向阳处，室温在5℃以上能安全越冬，若要使植株开花，冬季室温需在10℃以上。芦荟能耐短暂的0℃低温。

栽培心得

“驯化”阶段注意勤换水，最好对根部遮光，遮黑有助于生根。先不加营养液，等长出水生根后再加，否则很容易烂根。

季节	春	夏	秋	冬
光照	全日照	遮阴	全日照	全日照
营养液	肥料 隔15～20天	肥料 隔15天	肥料 隔15～20天	肥料 隔20天

Part 05

无土栽培收获健康蔬菜

Wutu Zaipei Shouhuo Jiankang Shucai

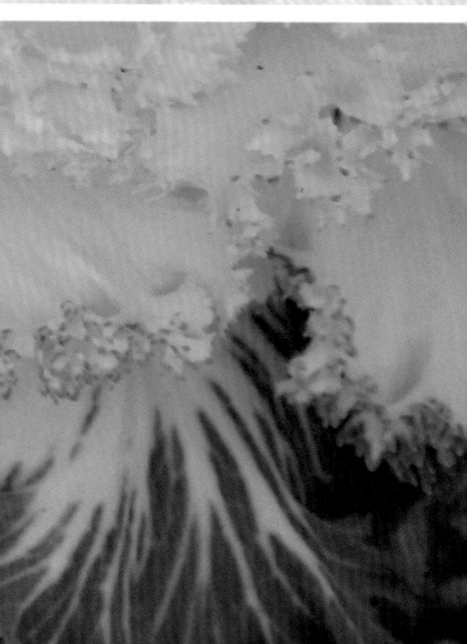

心里美萝卜

Message

别名： 花心萝卜、红心萝卜、冰糖萝卜

拉丁学名： Raphanus sativus

科属： 十字花科萝卜属

原产地： 中国东北地区

健康价值

心里美萝卜比白萝卜的营养成分更高，其水汁丰富，味道甜美细腻，可生食、凉拌。心里美萝卜含有丰富的蛋白质、粗纤维、铁、钙、维生素B_1等元素，食用后可以促进胃肠蠕动，能分解食物中的淀粉，帮助消化、增进食欲、利大小便，有助于体内废物排出和减肥，对于消化不良、胃脘胀满、胸闷气喘、伤风感冒有较好的疗效。常吃心里美萝卜还可以预防冠心病、动脉硬化、降低血脂、软化血管、稳定血压、预防胆石症等疾病。

生长习性

生态习性： 喜温暖、潮湿的环境，不耐旱，不耐霜冻，喜肥。

日照： 喜充足光照，光照不足影响品质。

温度： 生长适温18～25℃。

日常养护

水培心里美萝卜多是用来食用萝卜嫩苗的，将种子用温水浸种后，撒播在苗盘中。苗盘可从市场上购买，也可挑选家中干净的塑料盘代替，苗盘上垫一块湿纱布，将种子均匀撒播上面即可。

心里美萝卜种子的发芽适温20～25℃，一般5天左右即可出苗，当植株长出真叶时就可采收，过期易霉烂。

除了食用外，心里美还可以用来制作盆景，原材料可从菜市场直接采购长势良好、表皮无虫害的萝卜。用水冲洗干净，然后将萝卜插入培养器皿中，然后加入晾晒好的自来水，以没过萝卜尖2/3处为宜。初期每天换水一次，等萝卜上部的嫩叶长到3～5厘米高时，可每周换水一次，一般无需添加营养液。在冬季，家中摆放一株红色鲜亮的水培萝卜盆景，不但赏心悦目，还显得创意十足。除了整根萝卜水培外，也可以将萝卜切成段，只选择带根的一段，将根部朝下置于敞口的容器中加清水水培。

处处留心皆学问，只要用心日常生活中很多东西都可以水培，比如冬季吃剩下的白菜心，也可以根部朝下，水培在敞口容器中，只要有充足的散射光，一般半个月之后就能开花。

栽培心得

家用营养液也可以简易配制，配方是：一桶清水（15升）加5克尿素和7克磷酸二氢钾。

季节	春	夏	秋	冬
光照	全日照	遮阴	全日照	全日照
营养液	肥料 隔20天		肥料 隔20天	

豌豆苗

Wan Dou Miao

Message

别名： 豌豆藤

拉丁学名： Pisum sativum

科属： 豆科豌豆属

原产地： 地中海沿岸

健康价值

豌豆苗的供食部位是嫩梢和嫩叶，营养丰富，含有多种人体必需的氨基酸。具有抗菌消炎、增强新陈代谢的功能。豌豆苗味清香、质柔嫩、滑润适口，色、香、味俱佳。豌豆苗中富含粗纤维，能促进大肠蠕动，保持大便通畅，起到清洁大肠的作用，同时，可降低人体癌症的发病率。

生长习性

日照： 豌豆苗为半耐寒蔬菜，性喜温和凉爽的环境，不耐炎热和干燥。豌豆苗是豌豆的嫩苗，豌豆是长日照植物，充足的光照有利于提前开花，但如果要采集嫩苗则需要适当遮阴。

温度： 水培豌豆苗的种子发芽温度在18～23℃。

日常养护

水培豌豆苗选择无虫蛀、无杂质、颗粒饱满的豌豆10克，先将豌豆用清水浸泡24小时。

将棉花或者白布用清水淋湿，然后平铺在栽培容器内，将浸泡过的豌豆种撒播在容器上面。

温度保持在18～23℃，每天向种子喷水2～3次，并放置在阴暗处。

经过2～3天后，豌豆芽能长到30～40毫米，这时候可将栽培容器放到有明亮的散射光的地方养护，

注意每天要喷水2～3次，湿度保持在80%左右。

当豌豆苗长到10～12厘米高的时候，顶部复叶刚刚张开，豆苗呈浅黄绿色的时候就需要及时采收，用剪刀从基部将苗芽剪断即可。

栽培心得

豌豆发芽比绿豆要多泡些时间，为了更快发芽，可以在容器上覆盖一层保鲜膜，在保鲜膜上用牙签插一些小孔，放在通风又不易见光的地方。待长出幼苗后，可以放于阳光处或窗户下，朝着太阳，幼苗见阳光后第一天叶子就由黄变绿了，很是喜人。待豌豆苗长成，用开水焯过后凉拌，味道不错。

季节	春	夏	秋	冬
光照	全日照	遮阴	全日照	全日照
营养液	肥料 隔20天		肥料 隔20天	

芹菜

Qin Cai

Message

别名：胡芹、水芹、西芹

拉丁学名：Apium graveolens

科属：伞形科水芹属

原产地：地中海

健康价值

芹菜营养十分丰富，其中蛋白质含量比一般瓜果蔬菜高1倍，铁含量为番茄的20倍左右，芹菜中还含丰富的胡萝卜素和多种维生素等，对人体健康都十分有益。并且芹菜叶茎中含有挥发性的甘露醇，别具芳香，能增强食欲，还具有保健作用。在医学上，芹菜还有降血压、平肝、镇静、解痉、和胃、止吐、利尿的作用。

生长习性

日照：芹菜喜欢充足的光照，若光照不足植株容易生长不良。性喜冷凉、湿润的环境，较耐寒、不耐高温。较耐阴，不耐强光，生长期喜欢中等的光照，高温季节最好遮阴。家庭水培芹菜一年四季均可，但以春、秋季节栽培最好。

温度：生长适温18～25℃，越冬温度不低于5℃。

日常养护

水培芹菜可以通过播种育苗进行繁殖，先将芹菜的种子浸泡在55℃的水中约10分钟，然后用清水浸泡10小时左右。

浸种后将种子撒播在潮湿的土壤上，然后上面覆土1厘米厚，5～7天后即可出苗。

当幼苗长出5～7片真叶的时候可定植在栽培容器中用营养液培养，由于水培芹菜的主要目的是为了食用，所以不需要透明的容器。

水培芹菜的营养液可以用花肥配制，但注意浓度要根据气温和芹菜的生长过程而改变，在高温潮湿的季节，浓度要低，在凉爽的环境中可适当增加浓度，一般而言40天左右需要更换一次营养液。

水培芹菜从定植到采收大约需要80天的时间，既可以整株采收芹菜，也可以单采几叶。

栽培心得

水培芹菜可以使用专业的家庭水培架，这种水培架占地空间小，可以栽种多株芹菜，且可以起到室内绿化观赏的作用。

季节	春	夏	秋	冬
光照	全日照	遮阴	全日照	全日照
营养液	肥料 40天		肥料 40天	

红叶甜菜

Hong Ye Tian Cai

Message

别名：厚皮菜、紫菠菜

拉丁学名：Beta vulgaris L. var. cicla L.

科属：藜科甜菜属

原产地：欧洲

健康价值

红叶甜菜性味甘凉，属于碱性蔬菜，有利于人体内的酸碱平衡。红叶甜菜含有丰富的蛋白质、纤维素、胡萝卜素，以及钾、钙、维生素C、维生素B_1、维生素、铁、锶、锌、硒等元素。此外，红叶甜菜还具有清热解毒、清瘀止血、美容健脾的功效；可生吃、炒食，也可调汤、做馅料等。

生长习性

日照：红叶甜菜喜半阴环境，也能在阴暗处生长。

温度：生长适温15～20℃，能耐-10℃的低温。

日常养护

红叶甜菜可以用立体水培容器栽培，这种容器选择各种水管及配件就可自行设计，按场地及个性化的风格进行科学构造。

红叶甜菜的幼苗一般可以采用播种繁殖的方法，将种子播种在潮湿的土壤上，上面覆土1厘米厚，保持土壤潮湿，温度控制在20℃左右，一般5天左右即可出苗。

出苗后需要及时间苗，拔掉长势弱小和带病的幼株，当幼苗长出3～4片真叶的时候就可以定植。

红叶甜菜定植的时候要用清水洗掉根系的土壤，剪掉老根或死根、死皮以及多余的侧生根；用水培植物消毒液浸泡根系15～20分钟，杀菌，消毒，并起到驯化作用。之后用清水冲洗几遍后，定植到栽培容器上。

水培甜菜日常的管理主要是对营养液供液时间和供液次数的调节。

供液时间一般选择在白天，夜间不供液或少供液。晴天供液次数多些，阴雨天少供液；气温高光照强时多些，反之少些。通常情况下，每天供液2～4次，每次掌握在30分钟即可。

幼苗在播种后50～60天或水培定植后30～40天开始采收；剥叶采收为水培定植后40～60天，待有6～7片大叶时开始采收，一般每10天左右剥叶一次，每次剥叶3～4片，留3～4片大叶。

季节	春	夏	秋	冬
光照	全日照	遮阴	全日照	全日照
营养液	肥料 2~4天	肥料 2~4天	肥料 2~4天	肥料 2~4天

羽衣甘蓝

Yu Yi Gan Lan

Message

别名：牡丹菜、花苞菜、绿叶甘蓝

拉丁学名：Brassica oleracea var. acephala f. tricolor

科属：十字花科芸薹属

原产地：地中海

健康价值

羽衣甘蓝外形美观，叶色艳丽，有较高的观赏价值，除此之外，其食用价值也很高，含有大量的维生素A、维生素C、维生素B_2及多种矿物质，特别是钙、铁、钾含量很高。可以连续不断地剥取叶片，并不断地产生新的嫩叶，其嫩叶可炒食、凉拌、做汤，在欧美多用其配上各色蔬菜制成色拉。

生长习性

日照：羽衣甘蓝喜欢充足的散射光，盛夏要遮阴。

温度：生长适温为20～25℃，种子发芽的适宜温度为18～25℃。

日常养护

羽衣甘蓝可以用播种繁殖，栽培基质可以是土壤也可以无土栽培，无土栽培可选用海绵块，将海绵块切成3～5厘米深的十字口。

播种前可以用清水浸泡种子24小时，然后将吸足水的羽衣甘蓝种子播入海绵块的十字切口中，每孔播2粒。然后将海绵放到加水的苗盘上。

在温度合适的情况下，2～3天即可出齐苗，10天左右进行间苗，每块海绵上只留1株苗，其余拔掉。

间苗完成以后的苗盘中积水全部倒掉，控净，然后浇营养液，使苗盘中营养液深度与海绵块表面持平。

当菜苗长到2～3片真叶时即可定植。具体方法是将羽衣甘蓝苗按20厘米的株行距塞入定植孔中即可。然后调好定时器，再进行营养液循环加液。

平时养护的时候要放在光照充足的地方，并注意保持环境的通风。植株旺盛生长期对水分需求较大，所以要及时更换水量，以便于更好的生长。

当羽衣甘蓝长出10片左右的大叶时可以开始采摘嫩叶食用，凉拌或者做汤均可。每次每株可采收3～5片，每4～5天采收一次。

栽培心得

由于羽衣甘蓝是连续采收，生长期很长，可以周年栽培，生长期时吸肥力强，所以要巧用营养液。

季节	春	夏	秋	冬
光照	全日照	遮阴	全日照	全日照
营养液	肥料 每月1次		肥料 每月1次	

参考文献

吴淑杭等编著：《家庭水培花卉》，中国农业出版社，1999年
郭世荣主编：《无土栽培学》，中国农业出版社，2003年
胡雪雁等主编：《家庭水培花卉》，江西科学技术出版社，2006年
翁智林编著：《观赏植物室内水培技术》，上海科学技术出版社，2007年
蒋卫杰等编著：《花卉无土栽培》，金盾出版社，2007年
王振龙主编：《无土栽培教程》，中国农业大学出版社，2008年
王艳主编：《蔬菜无土栽培技术》，吉林科学技术出版社，2010年
薛金国主编：《观赏植物学》，陈会勤，中国农业大学出版社，2011年
李宁毅编著：《水培花卉栽培与鉴赏》，金盾出版社，2012年
彭东辉等编著：《水培花卉》，化学工业出版社，2012年